零起点

学服装缝制技法

王晓娟 著

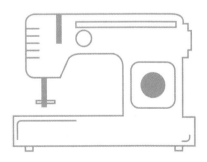

 化学工业出版社

·北京·

内 容 简 介

本书以图文并茂的方式详细讲解了服装缝制的方法与要点，在强调服装缝制工艺基本原理、基本方法的同时，注重对常规服装传统缝制工艺的创新。

主要内容包括：服装基础知识、服装工艺基础知识、服装常用面料和缝纫不同面料的工艺要求、裙装的缝制工艺、裤装的缝制工艺、上衣的缝制工艺、长款上衣的缝制工艺。

服装实例均从款式分析、裁片分析、排料裁剪、工艺流程四个方面进行讲解，帮助读者掌握服装工艺的变化规律和工艺制作技巧。

本书可为准备从事服装设计相关工作的人员、服装设计行业的从业人员提供帮助，还可作为服装院校、职业培训机构的教材，也可作为服装设计爱好者的参考读物。

图书在版编目（CIP）数据

零起点学服装缝制技法 / 王晓娟著. — 北京：化学工业出版社，2023. 10

ISBN 978-7-122-41528-8

Ⅰ. ①零… Ⅱ. ①王… Ⅲ. ①服装缝制 Ⅳ. ①TS941. 63

中国版本图书馆 CIP 数据核字（2022）第 091778 号

责任编辑：贾　娜　　　　　　　　　　　　装帧设计：水长流文化
责任校对：边　涛

出版发行：化学工业出版社（北京市东城区青年湖南街 13 号　邮政编码 100011）
印　　装：高教社（天津）印务有限公司
787mm×1092mm　1/16　印张 13　字数 277 千字　2025 年 5 月北京第 1 版第 1 次印刷

购书咨询：010-64518888　　　　　　　　　售后服务：010-64518899
网　　址：http://www.cip.com.cn
凡购买本书，如有缺损质量问题，本社销售中心负责调换。

定　　价：69.80 元

前言

服装设计专业的学习过程是一个由若干要素构成的系统复杂的过程，按照涉及的学科领域和研究内容可归纳为造型绘画表现部分、结构打版部分、工艺缝制部分三大模块，是一个相互联系、相互作用的有机整体，任何一项知识或技能都不会脱离整体，都在整体中发挥着应有的功效。因此，服装专业的学习过程也是各种专业知识与实践技能融会贯通的过程。

服装缝制工艺是学习服装设计必备的基础技能之一，是完成一件服装设计作品所必需的技术手段，对于想要踏入服装设计大门的读者来说，学习服装工艺的缝制技法是实现服装设计的基础阶段。为了满足零起点读者学习服装知识的需要，编写了本书。全书力求在内容和形式上与国际先进潮流接轨，期望能引领和帮助读者掌握服装工艺的基本知识和技能，为其今后的服装设计学习和工作奠定坚实的基础。

本书所介绍的服装缝制技法属于工艺缝制部分，是服装专业学习过程中不可缺少的技术模块，也是实现服装设计作品的技术手段。本书围绕服装缝制工艺的特点，注重对读者综合动手能力的训练，展示了服装从款式到工艺技术实现的过程，使读者对各类常规服装的缝制工艺均能逐步学习，并能解决一定的生产实际问题，体现了通用性和实用性。在强调服装缝制工艺基本原理、基本方法的同时，注重对常规服装传统缝制工艺的创新，提升了本书的原创性、创新性。

本书按照由浅入深、循序渐进的原则进行编写，分为服装基础、工艺基础和成衣制作三部分。服装基础部分让初学的读者对服装专业基础有一定的了解，认识到工艺技术在服装设计中的重要性；工艺基础部分介绍了缝制工艺工具、缝纫常用设备、学习方法、基础手针工艺、基础机缝工艺等；成衣制作部分针对裙、裤、上衣三个基本大类，选取不同款式的服装分类进行款式分析、裁片分析、排料裁剪、工艺流程的讲解，各部分注重制作过程和图示的应用，分步骤对读者进行有序引导，对每款服装做定款分析，使读者在理解款式的基础上，掌握服装工艺的变化规律和工艺制作技巧，达到可按个例进行服装制作的目的。本书在强调服装缝制工艺基本原理、基本方法的同时，注重对常规服装传统缝制工艺的创新，讲解了装饰性工艺的分类制作方法；在工艺实例中，从简单款式到复杂款式逐层分析，对中长款服装的工艺也做了分析和讲解，有助于读者在扎实掌握服装基础知识的同时，为学习的可持续发展打下坚实基础。

本书积极引入了新知识、新技术、新工艺和新方法，在解析成衣款式的同时，也加强传统工艺流程的讲解，通俗易懂，有较强的实用性和可操作性，可为准备从事服装设计的人员、服装设计行业的从业人员提供帮助，还可作为服装院校、职业培训机构的教材，也可作为服装设计爱好者的参考读物。

　　由于笔者水平所限，书中难免有不足之处，恳请读者提出宝贵意见，以便及时修正。

目录

第1章　服装基础知识

第2章　服装工艺基础知识

第3章

服装常用面料和缝纫不同面料的工艺要求

第4章

裙装的缝制工艺

第5章 裤装的缝制工艺

第6章 上衣的缝制工艺

第7章 长款上衣的缝制工艺

第**1**章
服装基础知识

1.1 服装设计基础知识

　　服装是人类生活的必需品之一，位于"衣、食、住、行"之首，在人类社会发展过程中占有重要的地位。目前，服装除了具备保暖、遮羞、保护等传统功能之外，更是实用性和艺术性相结合的一种艺术形式。随着人们物质生活水平的提高，服装已成为人类精神文明的载体，是具有社会价值、文化价值、艺术价值的综合性艺术品。服装设计就是解决人们穿着生活体系中诸多问题的富有创造性的计划及创作行为，服装设计具有一般实用艺术的共性，但在内容与形式以及表达手段上又具有自身的特点。

1.1.1 ➤ 服装与人体的关系

　　服装是为"人"设计，通常被称为人的第二层皮肤。服装设计要依赖于人体穿着并通过展示才能实现，同时还受到人体结构的限制，因此服装设计的起点和终点都是"人"，人体结构知识自然成了完成服装必备的要点之一。例如前袖笼的弧度大于后袖笼弧度，就是人体工程学中手臂的活动范围决定的；裤子后裆高度高于前裆高度，是人体小腹与臀部特殊造型决定的；女性上衣省道通常围绕BP点（胸点）展开，等等。纵观千变万化的服装款式，最终还要围绕人体的特征而定。不同种族、性别、年龄的人体造型都有着不同的差别，并且人体运动状态和静止状态中的形态也有所区别，因此人体特征、人体运动规律是成就服装设计实用性、功能性、美观性的基础，只有把握人体的基本造型和规律，才能利用各种艺术、技术和工艺手段使服装艺术得到充分发挥。

1.1.2 ➤ 服装类别划分

　　日常生活中服装的种类有很多，由于服装的品种、用途、穿着方法、制作方法、原材料的不同，使各类服装亦表现出不同的风格与特色，变化万千，十分丰富。因为不同的分类法，导致我们平时对服装的称谓也不同。最普通的服装分类方式，如根据性别可分为男装、女装、中性服装；根据年龄可分为童装、青年装、老年装等；根据季节划分可分为春夏装、秋装、冬装等。

从专业角度，可把服装根据穿着组合方法、服装材料、服装的用途、设计目的等进行分类。根据穿着组合方法，可把服装分为内衣、外衣、套装、背心、裙、裤等；根据服装材料，可把服装分为针织服装、真丝服装、裘皮服装等；根据设计目的，可把服装分为品牌服装（图1-1）、比赛服装（图1-2）、表演服装（图1-3）、职业服装（图1-4）等。服装类别是服装专业的基础知识，对梳理服装概念有很大的帮助。

图1-1　品牌服装

图1-2　比赛服装

图1-3 表演服装

图1-4 职业服装

1.1.3 ▷ 服装设计要素

款式、色彩、材料是服装设计的三大要素。

服装的款式即服装的造型，可分为外部造型和内部造型。其外部造型主要是指服装的轮廓，服装的外廓形都是以人体的基本形态为依据的，可归纳为A、H、X、Y、O五个基本廓形造型；决定外形线变化的主要部分是肩、腰和底边。内部造型指服装内部的款式，包括结构线、省道、破线等。服装的结构线是指体现在服装各个拼接部位、构成服装整体形态的线，主要包括省道线、褶裥剪辑线及装饰线等，如图1-5所示。服装结构线和省道线都有助于塑造服装外形，适合人体体型和方便工艺加工，在

图1-5 造型服装

3

服装结构设计中具有重要的意义，服装结构设计在一定意义上来说即结构线的设计。服装的外形是设计的主体，内部造型设计要符合整体外观的风格特征，内外造型应相辅相成，共同完成服装设计的实施。

色彩在服装设计中的地位至关重要，色彩研究指出，人对色的敏感度远远超过对形的敏感度。色彩可分为彩色系和无彩色系两大类。黑色、白色及灰色属于无彩色系，无彩色系之外的所有颜色都属于彩色系。色彩的应用是研究实用色彩的基础，不同色彩有不同的效应、联想和美感，颜色对服装设计的应用有着重要作用。从色彩调和、搭配、色彩纹样以及流行等几方面，把色彩巧妙地应用在服装设计中，达到不同的设计目的。色彩专家以其敏锐的洞察力，把来自消费市场的时新色彩加以归纳、提炼，并通过预告推而广之，蔚然成风，形成流行色。

材料主要是指制作服装的面料，是服装的物质基础，任何服装都是通过对材料的选择、裁剪和缝制来实现服装的实用功能的。面料可分很多类别，如梭织面料（图1-6）、针织面料（图1-7）、裘皮面料（图1-8）、皮革面料（图1-9）等。服装设计要取得良好的效果，必须充分发挥面料的性能和特色，使面料特点与服装造型、风格完美结合，相得益彰。因此了解不同面料的外观和性能的基本知识，如机理织纹、图案、塑形性、悬垂性以及保暖性等，是做好服装设计的基本前提。随着社会的进步和审美要求的提高，服装材料也越来越讲究，不同的材料在造型风格上各具特征，也会呈现不同的效果和美感，提升服装的品质。

图1-6 梭织面料

图1-7 针织面料

图1-8 裘皮面料

图1-9 皮革面料

1.1.4 ➤ 服装流行与预测

流行，是指在一定时期内，社会上迅速风行的事物，并通过社会共体的模仿而变成社会事物的流动现象，具有迅速传播而盛行一时的特点。服装是社会层次认知的主要内容，服装的流行，就是服装领域对色彩、风格、造型产生崇尚意识的一种潮流，是人们最常见的消费流行。在现代服装设计中，流行元素主要从色彩、造型、材料、工艺等几方面来体现，并富有鲜明的时代感和时髦性，突出反映着现代生活的审美特征，如图1-10所示。

图1-10 服装流行信息发布

目前在服装产业内的流行预测由专门的流行预测机构、品牌服装企业内的企划部门和流行分析家发布，并通过流行资讯、时尚杂志和时尚发布会等媒介进行宣传。从每个流行季收集来自各种渠道的庞大流行信息量，要求设计师具备很强的信息处理能力，要善于在信息中提炼最基本的流行元素并加以利用。因此服装设计的起点是了解服装流行的基本知识，学会分析和研究流行周期的规律，掌握时尚流行的元素、款式、色彩和时机等，预测并设计出符合人们审美要求的新潮服装，为完成时尚的服装工艺缝制打下基础。

1.2 服装测量基础知识

1.2.1 ➤ 测体工具

"量体裁衣"是实现服装制作的第一步，是重要的基础性工作，只有通过人体测量，掌握人体有关部位的具体数据，才能以准确的尺寸指导裁剪与缝制，才能发现人体的缺陷以便弥补。

测量的主要工具有：卷尺、直尺、三角尺、皮尺和计算器等，如图1-11所示。

1.2.2 ➤ 测量部位

围度的测量：胸围、腰围、臀围、颈围、腹围等；

宽度的测量：肩宽、背宽、胸宽等；

长度的测量：腰节、袖长、裤长、衣长等。

1.2.3 ➤ 测量方法

人体测量作为服装制版过程的重要前奏，测量的方法要准确。下面讲解一些常用部位的测量，如图1-12和图1-13所示。

图1-11　测量工具

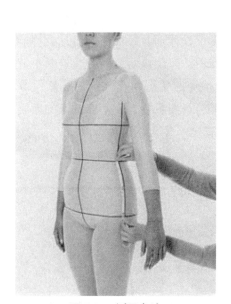

图1-12　测量方法

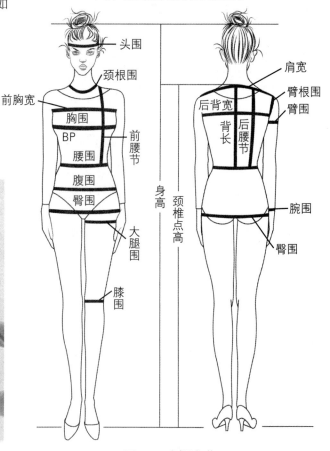

图1-13　测量部位

6

- 胸围测量是指用软尺过乳峰点，水平环绕胸部一周；
- 腰围测量是指经过腰部最细部位水平环绕一周；
- 臀围测量是指过臀部最丰满部位水平环绕一周；
- 颈围测量是指在喉结下方水平绕颈一周的长度；
- 腹围测量是指沿腹围线，即过肠棘点，水平环绕一周；
- 后腰节长测量是指自颈侧点量至腰围线的距离的测量；
- 肩宽测量是指后背测量左右肩端点之间的距离；
- 背宽测量是指测量背部左右后腋点之间的距离；
- 胸宽测量是指测量胸部左右前腋点之间的距离；
- 袖长测量是指自肩端点量至手虎口的距离；
- 裤长测量是指在人体侧面自腰围线量至外踝点；
- 衣长测量是指自颈侧点量至款式所确定的衣服下摆线的位置；
- 膝长测量是指自腰围线量至膝盖中点。

1.3 服装制图基础知识

1.3.1 ▷ 服装款式图

服装款式是服装设计、服装制版、服装缝制过程中的首要部分。一般在服装制作流程中，首先根据服装款式的廓形、结构和细节等进行分析，完成服装结构的版型制图，然后再进行排料、裁剪和缝制，最后完成成衣的制作。因此，服装款式是决定服装成衣效果的首要因素。服装设计图一般通过效果图和款式图来体现，服装效果图展示的是服装穿着在人体上的着装效果，其结构、细节比较模糊；服装款式图是效果图的必要补充，单品款式图一般运用平面线稿来表现，款式比例正确，线条清晰明朗，包括服装的正面、背面款式和外廓形、内部结构等，具有详细的结构线和工艺细节，每一部分都表现得充分、完备，甚至精细到一颗纽扣的造型、一根缝线的针距，是服装制版和缝制前的重要依据。如图1-14所示为服装款式图。

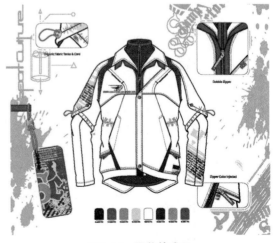

图1-14　服装款式图

服装款式图是服装设计师意念构思的表达成果。每个设计者设计服装时，首先都会根据实际需要在大脑里构思服装款式的特点，然后将意念和想法转化为现实。服装款式图是设计师最好的表达方式之一。

在服装企业里，设计师更多的是绘制平面线稿款式图。服装款式图是企业生产中的样图，起着规范指导的作用，黑白线稿服装款式图如图1-15所示。实际上，服装企业里服装的生产流程很复杂，服装工序也很繁杂，每一道工序的生产人员都必须根据所提供的样品及样图的要求进行操作，不能有丝毫改变（单元公差允许在规定范围内），否则就要返工。

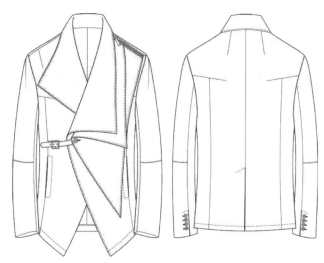

图1-15　黑白线稿服装款式图

服装初学者要快速理解服装款式图的结构和款式细节，还要能够根据款式图制作服装结构图纸样，为完成服装工艺缝制做好基础工作。初学者尽量能够自主绘制服装款式图或者简单绘制服装效果图，在进行市场调研和产品设计时，也可以通过服装款式图快速记录服装款式要点。图1-16和图1-17分别为男士短袖衬衫和西装外套款式图。

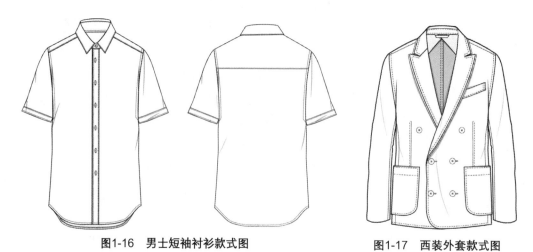

图1-16　男士短袖衬衫款式图　　　　　图1-17　西装外套款式图

1.3.2 ➤ 服装结构图

　　服装结构图俗称服装样板图或者服装纸样，即根据人体号型制定的服装规格尺寸，运用裁剪方法用直线或弧线连接构成衣片的外轮廓和内部衣缝分割片的结构图样。服装结构图的绘制，首先要正确理解服装款式图例，把服装款式分解，包括外形轮廓、内部结构线、服装各部件的组合关系及其具体尺寸和比例关系等，再通过不同裁剪方法，在纸上绘制1:1平面结构图，接着放缝、拷贝、驳样制作成1:1纸样样片；最后运用排料、裁剪、工艺技术制作出所想要的成品服装。如图1-18所示为上衣平面结构图，如图1-19所示为上衣样片样板图。

规格：165/84A

尺寸：（单位：cm）

名称	衣长	胸围	腰围	肩宽	领围	袖长	袖口
尺寸	60	92	78	40	38	60	26

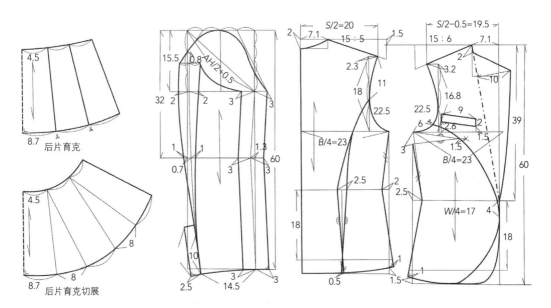

图1-18　上衣平面结构图

　　服装结构图是把立体服装进行平面化的一种很好的表现方法，是判断服装着装效果中版型是否合体的关键环节，也是检验产品规格质量的直接衡量标准。作为初学者，首先要读懂服装结构图的净样板、毛样板和结构纸样的每一个样片，以及样板的符号标识等，才能顺利地进行排料、画样、裁剪，直到完成服装的缝制。

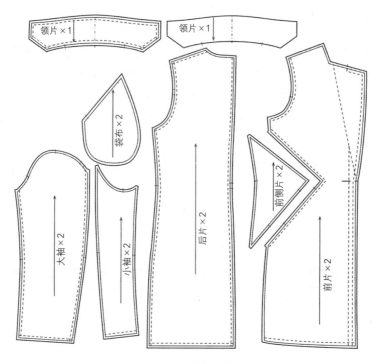

图1-19　上衣样片样板图

1.3.3 ➢ 服装结构制图的方法

服装制图的方法很多，目前高等学校及设计培训班的必修内容是立体裁剪法、平面裁剪法等。从原则上讲，无论哪种裁剪方法，只要裁出的衣片及尺寸一致，其成衣的造型就应该是一致的。但由于裁剪方法的不同，或者制版人的主观认识不同，最后形成的衣片版型也会有所区别。有时版型上微小的差别就会影响整件服装的版型和风格。

（1）立体裁剪法

立体裁剪法（图1-20）是一种直接将布料覆盖在人台或人体上，通过分割、折叠、抽缩、拉展等技术手法制成预先构思好的服装造型，再从人台或人体上取下布样在平台上进行修正，并转换成服装纸样再制成服装的技术手段。立体裁剪是区别于服装平面制图的一种裁剪方法，是完成服装款式造型的重要手段之一。服装立体裁剪在法国称为"抄近裁剪（cauge）"，在美国和英国称为"覆盖裁剪（dyapiag）"，在日本则称为"立体裁断"。

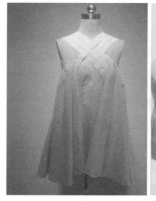

图1-20　立体裁剪法

（2）平面裁剪法

平面裁剪法根据测量的基本尺寸，依据特定公式绘制出衣片的裁剪图，然后制作成纸样，如图1-18和图1-19所示。制作定型产品的纸样较为便捷，操作上具有较强的稳定性，每个成衣品牌在制作常规产品时通常有各自的基本纸样，当设计、生产与常规产品变化不大的款式时，设计师可以运用平面裁剪直接在基本纸样上做修改，不需再重新测量尺寸制作纸样。

平面裁剪法分为原型裁剪法、比例裁剪法等。原型裁剪法就是在裁剪前，先制作一个合体的经验性裁剪版型，然后再根据款式的需要，在这一经验版型的基础上加放或缩减的方法。在国内流行的原型裁剪法又分为三大种类，即日本的文化式原型法、登丽美原型法和我国的东华原型裁剪法。原型裁剪法以人体为依据，以塑造立体型为手段，加之一整套的省道转移及纸样剪开技巧，使之成为现代时装设计中效果突出的裁剪方法，如图1-21和图1-22所示。初学原型裁剪法的学员，要注意中日两大裁剪制图体系的相互比较和借鉴。

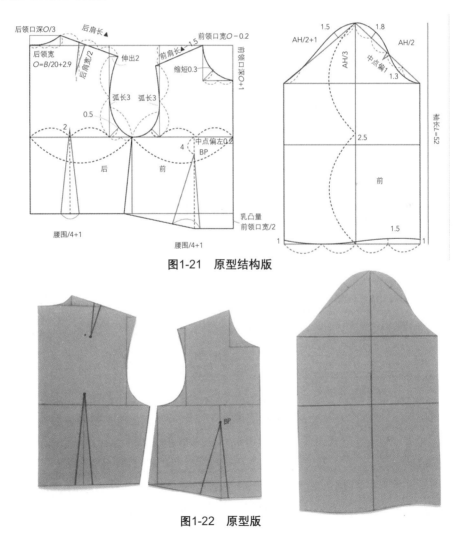

图1-21　原型结构版

图1-22　原型版

比例裁剪法就是选定人体的某些部位作为基准部位，以经验和数学的方法将服装裁剪中所需要的尺寸数据归纳为一些包含基准部位尺寸的比例公式：一定比例乘以基准部位尺寸，再加减一个调整数，最后用求得的数据直接定寸裁剪纸样。由于原型是一个合体的基本型，通常在原型基础上的加放量相对比例法的尺寸较小，所以原型裁剪法也是一种小经验法，而比例裁剪法的经验尺寸应用都较大，所以比例裁剪法是一种大经验法。

1.3.4 ➤ 国家标准号型

服装号型系列为服装设计提供了科学依据，按照人体体型规律设置分档号型系列的标准。号表示人体总高度，型表示净体胸围或腰围，均以cm为单位。由于型的围度有胸围和腰围两个数据，往往出现胸围相同的体型其腰围不一定相同，为了区分体型，男女服装型号还以人体的胸围和腰围的差数为依据进行区分。在1991年发布的《服装号型系列》标准中增加了Y、A、B、C四种体型标志。

服装号型的表示方法为"号/型"，号的数值写在前面，型的数值写在后面，中间用斜线分隔，后接体型分类号。上装的型为净胸围，下装的型为净腰围。举例如下。

上装：160/84A，170/88A，170/84B等。

下装：160/68A，170/72A，160/63Y等。

有时为了消费者的习惯和方便选购，服装成品上除标有号型标志外，仍附加规格或S、M、L等代号。

1.4 服装缝纫工艺常用工具

1.4.1 ➤ 手缝工具

手缝工艺是服装缝制工艺的基础，是现代工业化生产不可替代的传统工艺。尤其是在加工制作一些高档服装时，有些工艺必须由手缝工艺来完成。因此，对于初学者而言，掌握各种手缝工艺和手缝操作技能是非常必要的。

① 手缝针。有1～15个号码，号型越小，针杆越长越粗；号型越大，针杆越细越短，一般常用的针型为1～12号，如图1-23所示。有些型号的手缝针也有针身粗细相同而长短不一的，如长7号、长9号就比正常的7号、9号长，这是为了适应不同面料和针法的需要。针的选用与面料的厚薄、质地，以及线的粗细有不可分割的联系。一般的选用原则为料厚针粗，针粗线也粗；反之，料薄针细，针细线也细。

② 缝纫线。缝纫线（如图1-24所示）的选用是根据面料的厚薄、工艺需求而定的。用线的长度应以右手拉线动作的幅度大小并结合实际需用的长度来定，一般控制

在50cm左右。有些缝线由于捻度较大，手缝时会产生拧绞打结现象，这就需要在手缝时经常将线顺其捻向捻几下。丝线还可在手缝前熨烫一下。

③ 剪刀。用来剪布料的剪刀一般有8号、9号、10号、11号、12号等多种规格，其特点是刀身长、刀柄短，使用顺手，如图1-25所示。

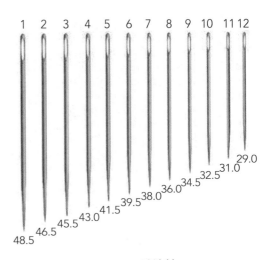

图1-23　手缝针

图1-24　缝纫线

图1-25　剪刀

④ 顶针。辅助手针进行扎针、运针的重要工具，如图1-26所示。

⑤ 划粉。如图1-27所示，通常用于在布料上画制图裁剪线以及在缝纫过程中做记号，有三角形、圆形、长方形三种，常用色为白色，也有红、黄、绿等色。

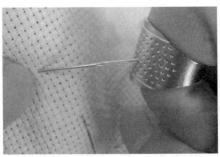

图1-26　顶针

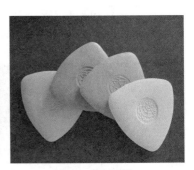

图1-27　划粉

⑥ 锥子（如图1-28所示）。在缝纫中用于翻挑领脚尖、带盖、衣角和钻眼做记号，以及拆掉缝纫线的专业工具，有时也可辅助向前推衣片。

⑦ 镊子（如图1-29所示）。镊子是在缝纫时夹住衣料向前推送的工具，也可用于翻领角、翻带盖和夹住服装小件与衣片一起缝纫时固定位置。

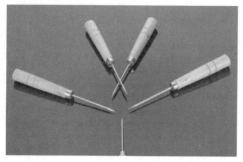

图1-28 锥子

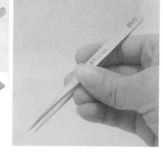

图1-29 镊子

1.4.2 ➤ 机缝工具

现代化的服装成衣制作都是通过机缝工艺来实现的，机缝工具也随着时代的信息化、数字化而不断更新，老式的踏板缝纫机基本被淘汰，逐渐被智能化的缝纫机、绷缝机、拷边机、打褶机、粘衬机等所取代。为了提高产品质量和优化生产工艺，服装机械也在不断地更新中。因此，对于初学者而言，了解常用机缝工具是掌握机缝操作技能的前提。

① 缝纫机。分为工业平缝机、家用缝纫机（目前多为多功能缝纫机），如图1-30所示。它是服装加工使用的主要设备，承担着完成服装的主要任务。随着服装面料的多样性、服装款式的多变性、服装功能的多重性以及服装各部位穿着性能和成品质量要求的不同，缝纫机的种类越来越多，功能越来越全，缝纫方式也越来越复杂。

平缝机是服装缝纫设备中最基本的一种，它又是服装缝制设备中最重要的设备之一。平缝机一般由动力结构、操作控制结构、成缝器结构等组成，分中速、高速缝纫机。

平缝机看起来简单，但实际操作起来并不简单，因此了解平缝机是非常重要的，如果掌握了它，其他缝纫设备用起来就会得心应手了。

（a）工业平缝机

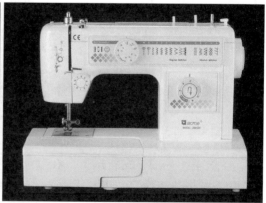

（b）多功能缝纫机

图1-30 缝纫机

②拷边机（如图1-31所示）。主要为防止裁剪后的面料脱边的机器，分为三线、四线、五线、密拷机等种类。

（a）多线拷边机　　　　　　　　　　（b）拷边线迹

图1-31　拷边机

③熨斗。熨烫衣料用具，现今使用的多是电熨斗，作为平整衣服和布料的工具，功率一般在300～1000W之间，如图1-32所示。

④烫台、烫凳。烫台是熨烫服装的平型的台面；烫凳用于服装制衣中间烫、小烫作烫模用或整座，比如，烫领子、袖口、肩缝、袖隆、裆缝局部的整烫，如图1-33所示。

图1-32　熨斗

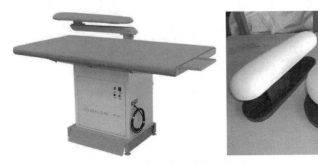

图1-33　烫台、烫凳

第 **2** 章
服装工艺基础知识

2.1 手缝工艺基础知识与操作技巧

2.1.1 ➤ 手缝工艺要点

（1）穿线

左手拇指和食指捏针，中指把针抵住，露出针尾，右手拇指和食指拿线，线头伸出1.5cm左右，穿入针眼中，线过针眼随即拉出，如图2-1所示。

（2）捏针

右手拇指和食指捏住缝针中段，中指中节顶针箍抵住针尾，帮助手针运行，如图2-2所示。

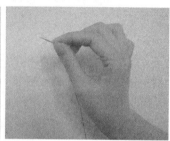

图2-1　穿针　　　　图2-2　捏针

（3）打线结

① 打起针结。右手拿针，左手拇指和食指捏住线头，并将线在食指上绕一圈，将线头转入圈内，拉紧线圈即可。注意线结大小适中，以不会从衣料空隙中脱出为准，尽量少露线头，如图2-3所示。

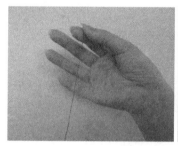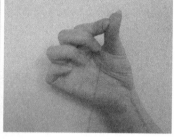

图2-3　打起针结

② 打止针结。左手拇指和食指在离开止针约3cm处，把线捏住，用右手将针套进缝线圈内，抽出针，把线圈打到止针处，左手按住线圈，右手拉紧线圈，使结正好扣紧在布面上，以免缝线松动，如图2-4所示。

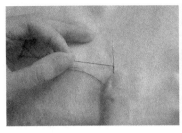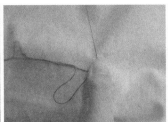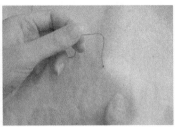

图2-4 打止针结

2.1.2 ➤ 手缝针法

（1）平缝针

也称平针，是最常用、最简单的一种手缝方法，通常用来做一些不需要很牢固的缝合，以及做褶裥、缩口等。一般针距保持在0.5cm左右，如图2-5所示。

（2）回针、倒针

类似于机缝而且最牢固的一种手缝方法，用这种方法可以手缝缝合拉链、裤子裆部、口袋两端等牢固度要求较高的地方，如图2-6所示。

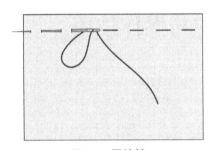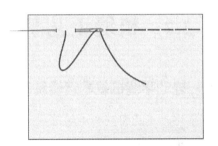

图2-5 平缝针   图2-6 回针、倒针

（3）包边缝

一般用来缝制织物的毛边，以防织物的毛边散开，如图2-7所示。

（4）锁边缝和扣眼缝

两种极为相似的缝法，用途和包边缝一样，但锁边缝和扣眼缝的装饰性和实用性都要更强一些，用此针法完成纽洞、扣眼，如图2-8所示。

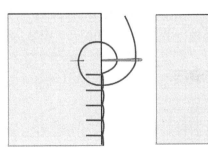

图2-7 包边缝   图2-8 锁边缝、扣眼缝

（5）假缝

和平缝针的针法一样，但针距较大。这种手缝方法通常用来做正式缝合前的粗略固定，为的是方便下一步的缝合，作用类似于珠针，如图2-9所示。

（6）三角针

亦称花绷，俗称狗牙针。用于固定衣服的袖口边、底边及裤边等。从左至右运针，正面不露线迹，反面针迹交叉，如图2-10所示。

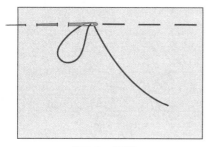 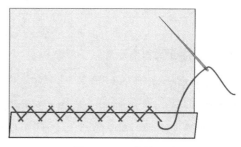

图2-9　假缝　　　　　　　　　　　　图2-10　三角针

2.2　机缝工艺基础知识与操作技巧

2.2.1 ➤ 电动平缝机基本运转练习

（1）电动平缝机空车运转练习

操作工姿势坐正，把双脚放在电动平缝机的踏脚板上，轻轻踏下，使电动平缝机慢速运转，中速运转，快速运转，并随意停止。还有一针一针空车运转的练习。

（2）装针空缉缝纸练习

在掌握了空车运转的基础上，可进行不穿缝纫线的缝纫练习。先装上机针，再将旋松的螺钉旋紧。一般采用双层牛皮纸。开始先缝直线、曲线，再缝弧线。之后可进行不同形状的几何练习，基本做到线迹平整、直线不弯、弧线不起角等缝纫要求。

（3）穿针穿线缝纫练习

在正常缝纫操作中要求做到不断线，不跳针，线迹平整，张力适宜，并且将底面线松紧调节正确。要做好手、脚、眼的配合，渐渐达到熟练。

2.2.2 ➤ 基础线迹缝纫

（1）直线练习

取一块面料，在面料上平行缉线，每条线间隔1cm，要求顺直平行。

（2）曲线练习

在面料上，相隔25cm处画一根线，沿着布边开始进行1.5cm斜度的直线练习，在25cm处转折。

（3）正方形练习

取一块面料，沿着边向里切正方形，每条线间隔1cm，每个直角需垂直。

（4）圆弧形练习

把弧线图案复印在面料上，然后将布料垫在下面，进行弧线练习。线距为1cm。

（5）倒回针练习

取一块90cm门幅宽、100cm长的面料，每条线间隔为1cm缝制，相隔20cm处需倒回4针。前后回针位置必须在记号线之内，不可出现双轨线。

（6）快速缝纫练习

布料放在压脚下进行缝纫练习，快到另一边时练习刹车，再将压脚抬起，迅速将布料旋转90°，放下压脚，继续缝纫。

2.2.3 ➤ 基础缝纫方法

（1）平缝

就是合缝、拼缝。取两片布料正面相对，上下平齐，所留缝头一般为0.8～1cm，开始结束倒回针，如图2-11所示。

（2）扣压缝

先将上层布料毛边翻转，扣压在下层衣片上的一种缝法。多用于服装的贴袋和过肩等拼接位置，如图2-12所示。

① 两块布料，正面朝上。其中一块布料在下面，一块布料在上层，将上层布料毛边翻折1cm，正面缉0.1cm和0.6cm双线。

② 要求宽窄一致，折边平服，不露毛边。

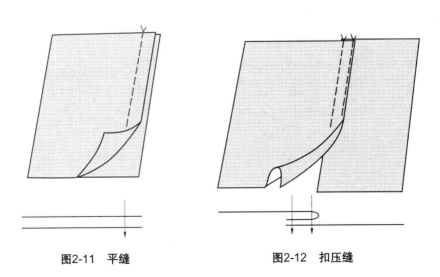

图2-11　平缝　　　　　　　　　图2-12　扣压缝

（3）卷边缝

将布料毛边做两次翻折后缉缝，多用于裤子脚口和上衣下摆等处，如图2-13所示。

① 一片布料，反面向上，将需缉卷边的一侧先折出宽约2cm的折边，然后再转折2cm的折边。

② 沿着第二次转折的2cm折边的止口0.1cm处缉线。

（4）外包缝

是一种布边包布边的缝制方法，一般用于服装布料不锁边的缝口处。在正面可以看到双线，如图2-14所示。

① 将两块布料对齐，反面与反面相对，并将下层包转上层0.8cm，沿着边缉第一道线。

② 将缝头反折，从正面沿着边缉缝第二道线。

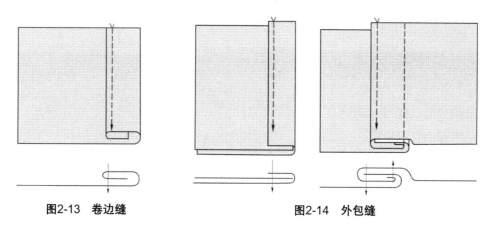

图2-13 卷边缝   图2-14 外包缝

（5）内包缝

是一种布边包布边的缝制方法，一般用于服装布料不锁边的缝口处。将两块面料对齐，正面对正面。将下层包转上层0.8cm，沿着边缉一道线将缝头反折，从衣片正面切一道线，如图2-15所示。

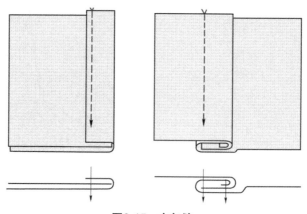

图2-15 内包缝

（6）来去缝

也称反正缝或筒子缝，起代替拷边的作用。正面不露明线，如图2-16所示。

① 来缝。先将衣料反面相对，正面向外对齐，沿边缉明线0.3cm。

② 去缝。缝合后翻折，布料正面相对，沿边缉第二道0.6cm明线。

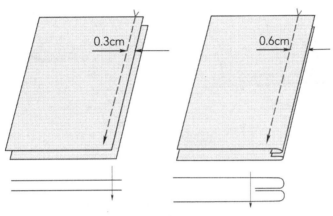

图2-16　来去缝

（7）咬合缝

经两次缝纫后，将三层布料毛边全部包在内的缝法。多用于装腰头、装领子、装袖头等部位，如图2-17所示。

① 将两片布料正面和反面相对，平缝第一道线。

② 将下层布料反转向上，布边向里折边1cm，盖在第一道线上并超出0.1～0.2cm，然后在折边上缉第二道线。

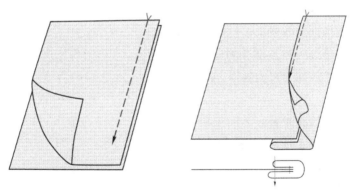

图2-17　咬合缝

（8）包边缝

是一种将线迹藏于分缝槽内的方法。一般用于服装单层边缘的包缝，如领口、袖笼等，如图2-18所示。

① 将两块面料正面相拼，平缝1cm宽的一道线。

② 分缝烫平，将下层的翻折向下，正面沿着缝份开片处缝缉第二道线。线迹要在凹槽内。

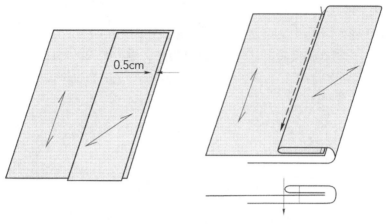

图2-18　包边缝

2.3　装饰工艺基础知识与操作技巧

2.3.1 ➤ 裥、褶、皱的制作工艺

有些服装的外观追求平展和顺直，也有一些服装的外观追求带有层次感或者浮雕感的立体效果，褶、皱、裥就会给服装带来这样的半立体的变化。服装中的裥、褶、皱等具有功能性和装饰性的效果，广泛地运用于上衣、裙子、袖子等服装及部件的设计中，以下介绍几种常见装饰工艺的制作方法。

（1）平行裥

在面料上平行折叠或者同方向压褶熨烫而形成印痕。平行裥本身不用缝线固定，把面料拼接缝合处固定即可，形成一个敞开的折痕，在裙装上有很强的装饰作用，如图2-19所示。

① 先把面料根据需要平行折叠，并向同一个方向熨烫，根据折裥的大小可以自由选择1cm、2cm、3cm不等的尺寸。

② 平行折叠面料后用熨斗熨烫定型，固定住熨烫的折痕，即形成折痕方向相同的平行裥，如图2-20所示。

图2-19　平行裥

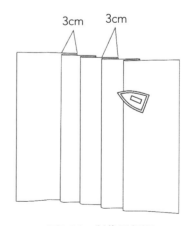

图2-20　制作平行裥

（2）对折裥

面料对折熨烫定型后形成印痕，对折裥可以用缝线固定，把面料拼接缝合处固定即可，形成一个对称敞开的折痕，在裙装中应用很多，如图2-21所示。

① 把面料正面折叠熨烫，根据需要，折裥的大小可以自由选择1cm、2cm、3cm、6cm不等。如图2-22所示，在面料反面6cm处缉线固定。

② 在面料反面把裥对等压平，用熨斗熨烫定型，形成左右对称的对折裥。

图2-21　对折裥

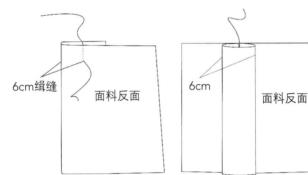

图2-22　制作对折裥

（3）自然褶

面料自然抽线折叠而形成的印痕，在面料边沿固定，形成的褶自然呈现在面料上，如图2-23所示。服装中自然褶的应用非常广泛。

① 在面料距布边0.5cm处大针距缉缝线条。

② 抽取缝线，可以根据稀疏情况来确定自然褶的堆积效果，如图2-24所示。

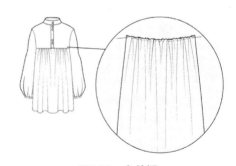

图2-23　自然褶

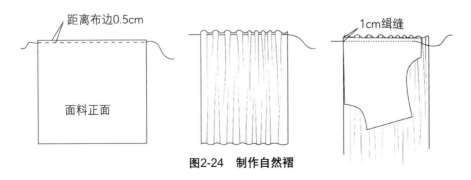

图2-24　制作自然褶

③把褶固定，与衣片1cm缝合，如图2-25所示。

（4）风情褶

风情褶是面料定量折叠并用缝线固定，形成的立体有层次的折痕，如图2-26所示，在服装上起装饰作用，应用非常广泛。

①把面料折叠，0.5cm处缉线（数据可以根据需求自定）。

②间距1cm之后重复再缉线（间距可以根据需求自定），再重复，之后向一个方向熨烫，形成平行的风情褶，如图2-27所示。

（5）波浪褶

波浪褶是运用风情褶的工艺，进行反方向固定，形成的S形波浪流线立体印痕，如图2-28所示，装饰作用很强，在服装上应用非常广泛。

①把面料折叠，0.5cm处缉线，间距1cm之后重复缉线，再重复，之后向一个方向熨烫，形成平行的风情褶。

②把风情褶分成多个板块，第一个板块向一个方向熨烫固定，第二个板块再向反方向熨烫固定，第三个板块再向第一个板块方向熨烫固定，以此类推，形成波浪导向印痕。

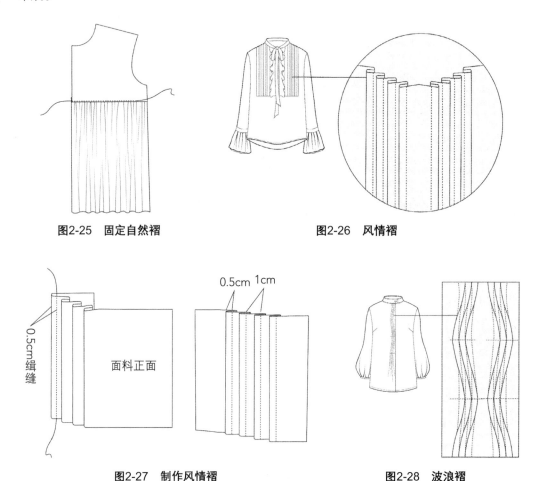

图2-25　固定自然褶　　　　　　　　图2-26　风情褶

图2-27　制作风情褶　　　　　　　　图2-28　波浪褶

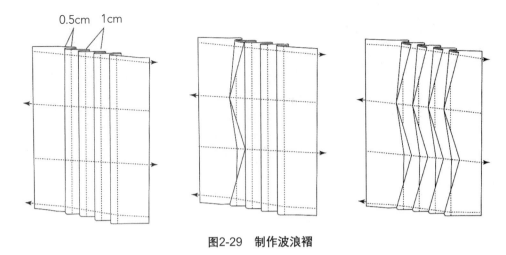

图2-29　制作波浪褶

③ 按熨烫方向缉缝固定褶向，如图2-29所示。

（6）沙漏褶

沙漏褶是运用风情褶的工艺，把风情褶的这些印痕交叉固定，形成多个小小的立体沙漏，如图2-30所示，在服装上有很强的装饰作用。

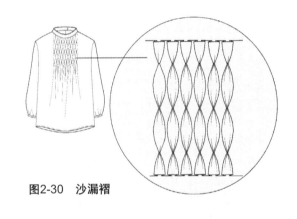

图2-30　沙漏褶

① 把面料折叠，0.5cm处缉线，间距1cm之后重复缉线，再重复，之后向一个方向熨烫，形成平行的风情褶。

② 把两条风情褶的叶片用手针固定在一起，另两条叶片用手针固定，再交叉固定，以此类推，形成沙漏状导向印痕，如图2-31所示。

图2-31　制作沙漏褶

（7）皱

面料搓揉之后形成的印痕，可以手工搓揉，亦可机器压皱。先把面料自然搓揉，或者自然堆积，用线固定褶皱的形状，再运用高压定型褶皱的纹理，即形成自然的、具有艺术效果的皱，如图2-32所示。

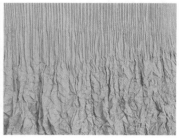

图2-32　机器压皱

2.3.2 ➢ 镶、嵌、滚的制作工艺

镶、嵌、滚、贴等工艺是传统服饰中常见的装饰工艺手法，在时尚服装中应用也非常广泛，本节主要介绍镶、嵌、滚的制作工艺。

（1）镶

也称为镶边，在服装上衣片的边沿拼上小条布，是服装中常见的服装边饰拼接的方法，在服装中应用广泛，最有代表性的是香奈尔的镶边上衣（如图2-33所示）。

①将镶边条与面料正面相拼，平缝固定。

②分缝烫平，将下层的翻折向下，正面沿着缝份熨烫平整，也可以在开片处缉缝第二道线，线迹要缉缝在凹槽内（如图2-34所示）。

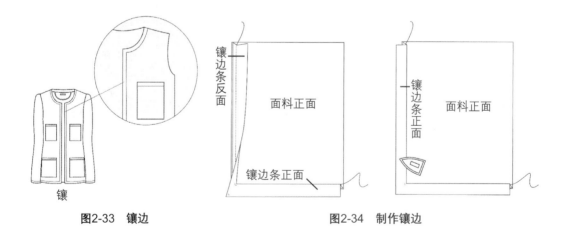

图2-33　镶边　　　　　　　图2-34　制作镶边

（2）嵌

也称为嵌条，是夹在服装上两个片之间的小条布，嵌条里通常会有一根0.3～0.5cm的棉绳，通常叫芽条，使嵌条嵌在面料中间显得比较饱满。嵌条可以直接买，也可以自己制作，即运用宽3cm的斜丝布条，在中央加塞一根棉绳对折缉缝固定，长度按需求而定。制作时把嵌条夹在两个布片之间反面缝合，最好使用单边压脚，这样缝合的嵌条与面料之间比较紧密，效果顺滑平整，如图2-35所示。

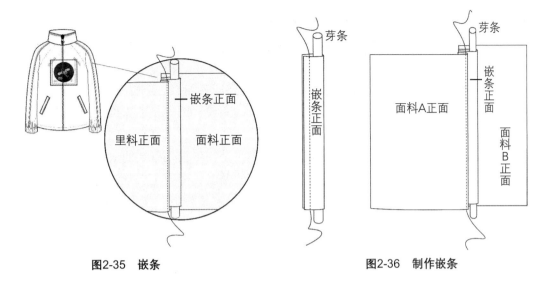

图2-35　嵌条

图2-36　制作嵌条

① 将嵌条夹在两片面料的中间，正面相拼，平缝固定。

② 从正面沿着缝份熨烫平整，如图2-36所示。

（3）滚

也称为滚边、包边，如同本章2.2节包边缝工艺，在服装上将一片或多片（重叠后边沿对齐）的边沿用布条包住，多用于旗袍的领边、摆边沿等，如图2-37所示。也可以借用包边压脚完成包边。

① 布条制作45°斜裁面料，宽度2.5cm，也可以直接购买滚边条辅料。

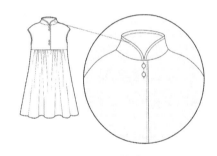

图2-37　滚边

② 将面料边沿修复整洁，运用滚边条正面与面料反面相拼0.5cm缉缝，缝时滚边条稍拉紧，然后翻到正面，包边0.5cm，毛边卷向里侧0.1cm处缉缝，滚边条围绕面料缝合即可，如图2-38所示。

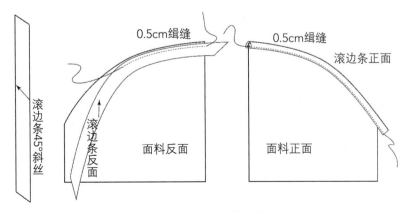

图2-38　制作滚边包边

2.4 熨烫工艺基础知识与操作技巧

服装或者面料经过洗或染，受到水、温度、皂碱的影响，特别是搓、擦、拧及折叠堆压，必然变形、弯曲卷缩，出现皱褶。熨烫的主要目的就是消除褶皱和变形，恢复原有的平整和式样，使服装平整、挺括、折线分明、合身而富有立体感。另外，熨烫还能起到保护衣料、减少污染等作用。熨烫操作是在不损伤服装的服用性能及风格特征的前提下，对服装在一定的时间内施以适当的温度、湿度（水分）和压力等工艺条件，使纤维结构发生变化，发生热塑变形。所以熨烫的基本工艺条件是适宜的温度、湿度和压力。

2.4.1 ➢ 熨烫的工具

熨烫的工具主要包括：电熨斗、吊瓶熨斗、加棉毯的平案、水布、棉馒头（垫肩袖用）、压平机等，应在熨烫前准备齐全。

① 了解熨斗的特性，选择合适的熨斗，对熨烫很有帮助。

② 了解各种纤维的承受温度，例如羊毛185℃，丝绸190℃，棉210℃，麻200℃，黏胶190℃，涤纶175℃，棉纶150℃，腈纶140℃，维纶150℃，丙纶110℃，氯纶70℃。

熨斗熨衣物时，熨烫的速度直接影响到纤维的耐温程度，所以，当熨斗熨烫衣物时，熨斗的温度要比纤维所能承受的温度低10℃，否则温度过高、时间过长，会使纤维抽缩、变质或融化。熨烫过程应保证安全，不出事故。

2.4.2 ➢ 服装的熨烫技术

熨烫是服装制作的重要工艺，对服装各个部位的造型与定型等起着重要作用。熨烫作为缝制基础工艺，主要包括基本烫法、消皱、塑形和整形等几个方面的工艺。无论使用哪种处理技法和手段，都是利用加热和加压的原理，在烫、压的作用下使织物改变形状或使形状定型。熨烫热加工的基本要素是温度、压力和时间。除了处理好上述三个因素和条件外，还需要有熟练的技法和技巧，两手协调动作，分别运用轻、重、快、慢以及归缩或抻拔等熨烫方法。下面介绍几种服装的基本烫法。

（1）平烫

褶皱的面料或者经过机缝工艺缉缝的各种缝份，需要运用平烫技法，把衣服烫平，如图2-39所示。

（2）分烫

将缝合后的缝份分开烫平，让衣片的缝合处平挺服帖。分烫的部位有服装的侧缝、后缝、腰节缝等，目的是把衣缝分开、烫平。具体做法

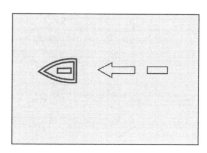

图2-39　平烫

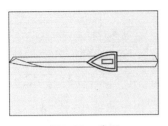

图2-40 分烫

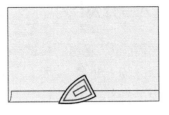

图2-41 扣烫

图2-42 压烫

是：先在衣缝上喷水，用熨斗尖逐渐向前分开；然后盖烫布，整个熨斗往复移动，使服装达到不抻不缩的平挺状，如图2-40所示。如平分缝、伸分缝和缩分缝。

（3）扣烫

指扣缝熨烫，常用于缝合前缝份毛口扣倒烫压。需要进行扣烫的部位很多，凡是缉缝的内缝或毛口折边，只有经过扣烫才平服、整齐。熨烫时要求里外平服，面层不能有皱褶，如图2-41所示。

（4）压烫

是指熨烫时施加压力，使其加重烫实。主要用于较厚重的毛呢面料服装，尤其对于层数较多的边角部位，需要熨斗压实、压薄。操作时在面料上铺上一层垫布，从反面熨烫，如图2-42所示。

（5）归烫、拔烫

归烫是指将预定的部位聚拢归缩，一般是从里面做弧线运动，自然形成外凹里凸的弧面造型，主要应用在裤子的臀部、上衣的肩部等部位，如图2-43所示。

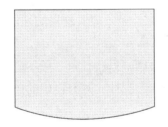
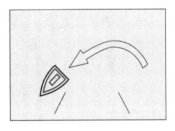

图2-43 归烫

拔烫也称为拔开烫，与归烫相反，是把预定的部位伸烫拔开，把内弧衣片边线烫成直线，或者外弧线如上衣肩线、腰部等，如图2-44所示。

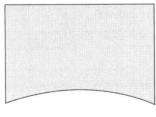
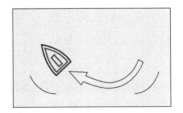

图2-44 拔烫

2.5 服装辅料应用知识

服装辅料种类很多，主要包括衬布、里料、拉链、纽扣、金属扣件、线带、商标、絮料和垫料，等等。大致划分为：里料、衬料、填料、线带类材料、扣紧材料等。

2.5.1 ➤ 服装里料

里料是用于服装夹里的材料，主要有涤纶塔夫绸、尼龙绸、绒布、各类棉布与涤棉布等。里料的主要测试指标为缩水率与色牢度，对于含绒类填充材料的服装产品，其里料应选用细密或有涂层的面料，以防脱绒。

服装里料的主要作用：

① 使服装穿脱滑爽方便，穿着舒适。

② 减少面料与内衣之间的摩擦，起到保护面料的作用。

③ 增加服装的厚度，起到保暖的作用。

④ 使服装平整、挺括。

⑤ 提高服装档次。

⑥ 对于絮料服装来说，里料作为絮料的夹里，可以防止絮料外露；作为皮衣的夹里，能够使毛皮不被沾污，保持毛皮的整洁。

服装里料的选择要注意以下几个方面：

① 里料的性能应与面料的性能相适应，这里的性能是指缩水率、耐热性能、耐洗涤、强力以及厚薄、重量，等等。

② 里料的颜色应与面料相协调，里料颜色一般不应深于面料。

③ 里料应光滑、耐用、防起毛起球，并有良好的色牢度。

2.5.2 ➤ 服装衬料

服装衬料包括衬料、垫料、填料、支撑料等。

在服装衣领、袖口、袋口、裙裤腰、衣边及西装胸部加贴的衬料为衬布，一般含有胶粒，通常称为粘合衬，分为有纺衬布与无纺衬布两大类，如棉布衬、麻衬、毛鬃衬、马尾衬、树脂衬、粘合衬等。

衬在肩部，为了体现肩部造型使用的垫肩以及胸部为增加服装挺括饱满风格使用的胸衬，均属衬垫材料，如胸垫、领垫、肩垫、臀垫，一般没有胶。

填料是运用在服装夹层里的填充材料，应用在羽绒衣或棉衣的絮类填料、材料填料等。

各类服装衬料如图2-45～图2-49所示。

图2-45 衬料无纺衬

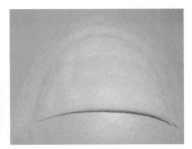

图2-46 垫料肩衬

图2-47 填料棉、丝

图2-48 填料涤纶棉

图2-49 支撑料

衬料是服装的骨骼，能够增强服装的强力，并使服装饱满美观；另外，衬布的使用还可以增强服装的可缝纫性能，易于缝纫操作。

2.5.3 ▶ 服装缝纫线

服装缝纫线（图2-50）是指缝合服装的线材，包括棉缝纫线、真丝缝纫线、涤纶缝纫线、涤棉混纺缝纫线、绣花线、金银线、特种缝纫线，等等。涤纶缝纫线、锦纶缝纫线是由涤纶长纤或者短纤捻成的，耐磨、缩水率低，但易断线；涤纶线由于其强度高、耐磨性好、缩水率低、不会虫蛀等优点而被广泛地应用于棉织品、化纤和混纺织物的服装缝制中。此外，它还具有色泽齐全、色牢度好、不褪色、不变色、耐日晒等特点。

图2-50　缝纫线

2.5.4 ➢ 服装扣紧材料

　　扣紧材料是指把服装扣合起来的材料，如纽扣、拉链、其他扣紧材料等，如图2-51所示。

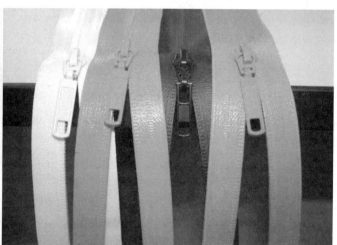

图2-51　服装扣紧材料

第 **3** 章
服装常用面料和
缝纫不同面料的工艺要求

3.1　面料的分类和特点

3.1.1 ➢ 服装面料的分类

　　① 按照面料材质来分，包括：棉织物、麻织物、毛织物、丝绸织物、化学纤维织物等。

　　② 按照面料生产织法来分，包括：针织面料（图3-1）、梭织面料（图3-2）、裘皮面料（图3-3）及皮革面料（图3-4）等。

图3-1　针织面料

图3-2　梭织面料

图3-3　裘皮面料

  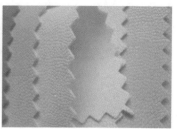

图3-4 皮革面料

③ 按照纹路分类可分为：斜纹（图3-5）、平纹（图3-6）、竖纹（图3-7）、人字纹等。

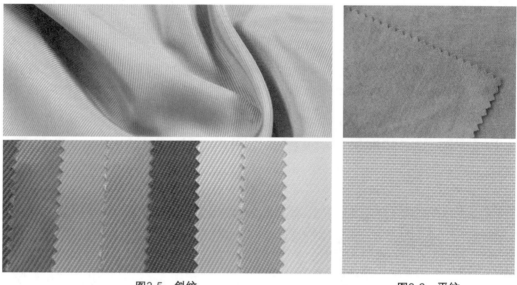

图3-5 斜纹 　　　　　　　　　　　　　　　图3-6 平纹

图3-7 竖纹

3.1.2 ▷ 常用服装面料的特点

① 棉质面料。优点是具有良好的吸湿性、透气性，穿着柔软舒适，轻松保暖，服用性能良好，染色性能好，色泽鲜艳，色谱齐全，柔和贴身。缺点是易缩、易皱，易生霉，但抗虫蛀，是理想的内衣料，也是物美价廉的大众外衣用料。

② 麻质面料。优点是强度极高，吸湿、导热、透气性甚佳，抗霉菌，不易受潮发霉，色泽鲜艳，不易褪色，凉爽舒适、吸湿性好，是理想的夏季服装面料。缺点是穿着不甚舒适，外观较为粗糙。

③ 丝绸面料。丝绸是纺织品中的高档品种。主要指由桑蚕丝、柞蚕丝、人造丝、合成纤维长丝为主要原料的织品。长处是轻薄、柔软、滑爽、透气、色彩绚丽，富有光泽；穿着舒适，柔软滑爽，高贵典雅。不足则是不耐光，易生褶皱，容易吸身，不够结实，褪色较快。

④ 化纤面料。纯化纤织物是由纯化学纤维纺织而成的面料。优点是色彩鲜艳、质地柔软、悬垂挺括、滑爽舒适。化纤面料以其牢度大、弹性好、挺括、耐磨耐洗、易保管收藏而受到人们的喜爱。缺点是耐磨性、耐热性、吸湿性、透气性较差，遇热容易变形，容易产生静电。化学纤维可根据不同的需要，并按不同的工艺织成仿丝、仿棉、仿麻、弹力仿毛、中长仿毛等织物。

⑤ 毛型面料。以羊毛、兔毛、骆驼毛、毛型化纤为主要原料制成的织品，一般以羊毛为主，是一年四季的高档服装面料，具有弹性好、抗皱、挺括、耐穿耐磨、保暖性强、舒适美观、色泽纯正等优点，深受消费者的欢迎。

⑥ 皮革面料。优点是轻盈保暖，雍容华贵。缺点是价格昂贵，储藏、护理方面要求较高，不利普及。

⑦ 混纺棉质面料。既吸收了棉、麻、丝、毛和化纤各自的优点，又尽可能地避免了它们各自的缺点。

3.2 面料的倒顺、丝缕和反正的识别

3.2.1 ➢ 服装面料的倒顺

各种面料都有其特殊的视觉艺术效果，包括面料的光感和织物上印染的各种花形图案。在很多情况下，这些视觉效果是有方向性的。这种面料的倒顺是指面料上的光感或图案具有强烈的方向性，在裁剪排料时，衣片不能随意倒顺放置的情况。如灯芯绒和金丝绒的光感就有明显的方向性，如果在裁剪时左右衣片不能同方向排料，做成的衣服就会出现左右色光的差别。还有一些写实图案也具有较强的方向性，如动物图案、山水风景图案、建筑造型图案、交通工具图案等，面料中实物图案若同方向排版，在裁剪服装时要注意相关衣片的方向性，如图3-8、图3-9所示。

购买具有倒顺花的面料时，通常要比正常用料多一些，一般需要多出一个半单元图案左右的长度或更多。有时设计师或穿着者需要巧妙地利用面料上的图案，将图案左右对称或特别安排在人体的某些部位，这时需要的面料就会很多，但成衣的价值也

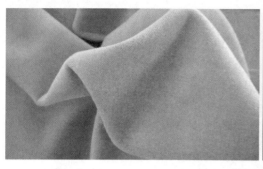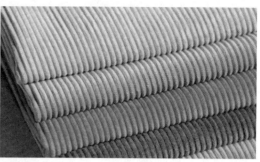

图3-8　有倒顺的绒面面料

图3-9　有倒顺图案的面料

会更大。另外，对于具有较大写实图案的面料，在开刀破缝时要特别注意最终的成衣效果。

3.2.2 ➤ 服装面料的丝缕

纺织品都有长度和宽度，与布边平行的长度称为匹长，匹长的方向就为织物经向；与布边相垂直的长度称为幅宽，幅宽的方向为织物的纬向。

服装面料中经向和纬向即称为丝缕之分，只有在裁成衣片或零料时才会有丝缕的概念。服装的丝缕分三种情况，即直丝、横丝和斜丝，或称直料、横料、斜料等。

衣片的长度方向与面料的经向相平行的衣片称为直料。衣片的长度方向与面料的经向垂直的衣片称为横料。同理，衣片的长度方向和面料的经向呈45°或其他角度的衣片称为斜料。当衣片的长度和宽度比较接近时，就按衣片在人体上的垂直方向为长度方向。

为什么要将衣片区分为不同的丝缕呢？这是因为纺织等因素导致面料经向和纬向的力学性能不相同，从而影响到衣片的缝纫性能和穿着效果。例如，面料的经向一般可伸长性较小，缝纫和穿着时都不容易被拉长，具有较强的抗拉力；而面料的纬向容易被拉长，斜向通常具有良好的弹性。例如只要拿一块布料、一块手帕或自己身上的衣服，用手拉一拉就能试验出这种性能的存在。

结构设计时，巧妙地利用面料经纬方向及不同性能的特点，可以使成衣的造型效果更加美观。例如，上衣大身、前后裤片及袖片用直丝造型；西装领、喇叭裙、滚条等采用斜丝能够取得更好的造型效果。对于花型面料，有时丝缕的安排并非为了利用面料的方向性力学性能，而是为了色彩图案的配搭，是设计效果的需要。

3.3　面料排料、用料的计算

3.3.1 ▷ 面料用料的计算

服装面料单耗的计算方法，分为针织和梭织服装用料计算。

（1）梭织物常用服装面料单耗量的计算方法

① 公式计算。服装单件加工，用长度公式加上一个调节量获得。例如：90cm门幅的面料，男士上衣：衣长×3+10cm；女士上衣：衣长×3；男女裤：裤长×2+10cm。

幅宽为145cm的双幅面料，做男女上装算法：衣长+袖长+10cm；男女裤的用料算法：裤长+10cm。

② 根据成衣尺寸计算。又称"面积计算法"，在服装加工企业或公司，客户提供成品样衣给生产商，可以先估算出服装的面料单耗量，已知中间规格服装毛片的面积，把每片相加后得出一件服装总的平方厘米数，除以面料门幅宽度，得出服装的单耗量，注意追加一定数量的额外损耗。

③ 规格计算法。根据成品规格表中的规格尺寸，加上成品需用缝份量，计算出单件服装的面积，再除以门幅得出单耗量，同样追加一定数量的额外损耗。服装单耗的规格计算法可以归纳为一个常用公式：

（上衣的身长+缝份）×（胸围+缝份）+（袖长+缝份或袖口边）×
袖肥×4+服装部件面积

④ 样板计算法。选出中间号样板或大小号样板各一套，在案板上划定面料幅宽，把毛份样板按照排版的规则合理套排，最终把尾端取齐，测量出版长两端标线总的长度间距，除以参与排版服装的件数，得出服装的单耗量，注意追加一定数量的额外损耗。

服装用料补充说明：计算有阴阳格子的面料单耗时，服装单耗量需在原计算获得数据的基础上额外增加1.5倍的格长量；有倒顺格子的面料需增加2.5倍格长的需用量。

（2）针织服装用料计算

针织服装用料计算主要采用重量和面积两种方法作为换算的标准。

① 主料计算。成衣单位用料面积 = ∑（门幅 × 段长）÷[每段长内成品件数 ×（1 − 段耗率）]，单位：m²/件。

② 服装面料单位面积的重量（g/m²）× 服装需用面积数（m²）= 每件服装的用量重量（g）。

针织服装用料公式如下。

① 衣服。

大身用料 =（胸围 + 6cm）×（身长 + 6cm）× 24 × 克重 ×（1 + 总损耗）

袖子用料 =（挂肩 + 袖口 + 4cm）×（袖长 + 4cm）× 24 × 克重 ×（1 + 总损耗）

领子用料 =（领宽 × 2 + 2cm）× 领高 × 12 × 克重 ×（1 + 总损耗）

每件衣服用料 = 大身用料 + 袖子用料 + 领子用料

以上仅供参考。

② 裤子。用料 =（横裆 + 腿围 + 4cm）×（裤长 + 8cm）× 24 × 克重 ×（1 + 总损耗）

以上仅供参考。

3.3.2 ➢ 服装排料技术

（1）服装排料的概念

排料又称排版，是指将服装的衣片样板在规定的面料幅宽内合理排放的过程，形成不同形状的排列组合，最经济地使用布料，达到降低产品成本的目的。排料是进行铺料和裁剪的前提。通过排料，可知道用料的准确长度和样板的精确摆放次序，使铺料和裁剪有所依据。所以，排料工作对面料的消耗、裁剪的难易、服装的质量都有直接影响，是一项技术性很强的工艺操作。排料图如图3-10、图3-11所示。

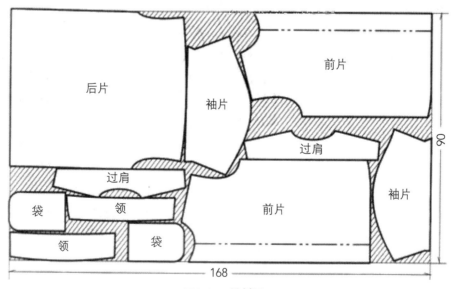

图3-10　排料图

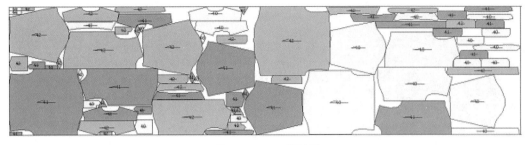

图3-11 CAD排料图

（2）排料原则

为了充分利用面料，节约成本，在裁剪前对预缩后的面料进行周密的排料计划是十分必要的。在布料上完成排料图后即可进行裁剪，裁剪前需要确定衣片在布料上的位置和丝缕方向。一般情况下，排料后要先裁大片，后裁小片；先裁要求高的，后裁要求低的。

无论采用哪种排料方法，也无论排料人员的经验多少，在排料时都必须遵守一定的原则。也就是说，横排竖排，因人而异，但不能违背了排料应遵循的以下三大基本原则。

① 保证设计要求。当设计的服装款式对面料的花型有一定要求时（如中式服装的对花、条格面料服装的对条格等），排料的样板便不能随意放置，必须保证排出的衣片在缝制后达到设计要求。

② 符合工艺要求。服装在进行工艺设计时，对衣片的经纬纱向、对称性、倒顺毛、对位标记等都有严格的规定，排版师一定要按照要求准确排料，避免不必要的损失。

③ 节约用料。服装的成本很大程度上取决于布料的用量多少。排料作业可能影响成衣总成本的2.75%～8.25%。所以，在保证设计和工艺要求的前提下，尽量减少布料的用量是排料时应遵循的重要原则。

3.4 缝纫不同面料的工艺要求

服装缝纫工艺因面料厚薄、质地、柔软程度的不同而有不同的工艺要求，在进行特殊面料的服装工艺缝制时要先进行面料特点研究，以保证服装缝制的完美性。基于服装初学者的需求，以下简单介绍几种面料的工艺要求。

3.4.1 ➤ 缝纫轻薄面料的工艺要求

轻薄面料有欧根纱、乔其纱、绉织物等面料，其轻飘的特点给剪裁缝纫带来了一定的难度。裁剪这些衣料时应该防止其滑移、歪斜，为此在找准经纬方向平铺时应该

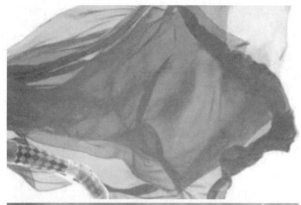

图3-12　轻薄面料

用大头针给予固定，面料层数不宜过多。缝纫时，为了避免面料的损伤，可以在下面垫一层薄纸，一般由9～11号针缝制，透明面料的缝制要窄，一般0.3～0.5cm即可。必须注意修整，锁边要密实。熨烫时要格外小心，根据面料的纤维特性调整熨烫的温度。

轻薄型的绉织物一般适用于悬垂性好的、具有飘逸感的服装。一般选用柔软的细薄织物和轻薄透明织物作为里料。由于绉织物有一定弹性，它还会产生滑移，有时在缝纫时也可以在两层布料之间夹一张薄纸，如图3-12所示。

3.4.2 ➤ 缝纫弹性面料的工艺要求

弹性面料以针织物居多，从弹性上大致分为两种：一种是横向和纵向都可随人体曲线延伸与回缩的，稳定性较差；另一种属于梭织机织物，但是富有弹性，穿着时可以自如地活动。

弹性面料一般直接选用针织绷缝机缝制。因弹性面料具有一定的伸缩性，缝制中应该自然向前推送。调试好缝纫张力、针迹长度和压脚的压力，使其保持弹性，缝线才不会断开，如图3-13所示。

图3-13　针织面料绷缝

3.4.3 ➤ 缝纫双层面料的工艺要求

双层织物是将两层织物用细线编织或粘合起来的一种双层面料。此类织物没有正反面，两面都可以用于服装，两面都不可以有毛边存在。该面料的接缝方法有多种：平缝而简练的接缝、平式接缝、贴边接缝或者先单层接缝再扣缝等，如冬季手工双面羊绒大衣就是选用先单层接缝再扣缝的手工缝制方法，目前有一种双面暗缝机可直接仿真制作双面羊绒面料，如图3-14所示。

图3-14　暗缝双面羊绒面料

3.4.4 ➤ 缝纫绉织面料的工艺要求

绉织面料的特点和轻薄面料的特点相似，即是中厚型的绉织物，也是既轻盈又具有悬垂性的织物，适用于悬垂性好、具有飘逸感的服装。厚重和质地兼顾的绉织物应用于挺括而合身的服装。一般选用柔软的细薄织物和轻薄透明织物作为夹里料，可用来代替衬布。由于绉织物有一定弹性，还会产生滑移，所以缝纫时应该在布料和送布牙之间夹一张薄纸。

3.4.5 ➤ 缝纫丝绒面料的工艺要求

丝绒、平绒、灯芯绒等表面有绒的面料均有倒顺的问题，顺毛方向色浅而亮，倒毛方向深沉、吸光。裁剪时宜将纸样别在面料上单层裁剪。缝制时，要将上下两片绒毛衔接绷缝固定好再缉缝，缉缝应采用顺毛方向，选用细针。事先在零碎布料上试缝一下，尽量让上下层面料同步前进。

3.4.6 ➤ 缝纫皮毛面料的工艺要求

图3-15　缝合裘皮面料

人造皮毛比绒毛有更强的立体感，排料时应用面料的顺毛方向，在面料的反面进行裁剪。缝纫皮毛面料使用双线皮毛一体缝合机，先将面料上的毛头压倒在面料上，并用粗缝将它缝紧，从顺毛方向缝纫，使用号型大一些的缝针，最后用锋利的剪刀修掉缝头处和贴边处的毛头。如图3-15所示。

第4章
裙装的缝制工艺

　　裙装是一种围裹于人体下身的服装，也是人类最早的服装，还是女性最钟爱的服装品种之一。裙一般由裙腰和裙体构成，部分裙只有裙体而无裙腰。因其通风散热性能好，穿着方便，行动自如，样式变化多，因而为人们所广泛喜爱，其中以女性和女童穿着较多。

　　裙子的种类多，易受流行的影响，款式变化更为多样，造型有H型、X型、O型或A型、V型等多种样式；根据腰节高低，可分为高腰裙、低腰裙；按褶裥的构成，又有百褶、多褶、单褶等；按结构制版分为全圆、半圆、喇叭等形式，可谓丰富多彩。裙长和裙摆的大小也是决定裙子风格的两个重要因素，如婚礼服，长长的裙拖可达数米，为新娘增添了几分圣洁，为婚礼增加了庄严和隆重；短短的盖臀超短裙，使双腿显得十分修长，又让青春风采得到几重张扬。裙装上还可以采用拼贴、刺绣、装饰线迹、缉缝花边等各种各样的装饰工艺为其增色，深受人们喜爱。

　　下面以无里料基础裙为例讲解裙装的工艺缝制。然后以裙子的不同款式为例，分别讲解裙子重点部件的工艺制作。

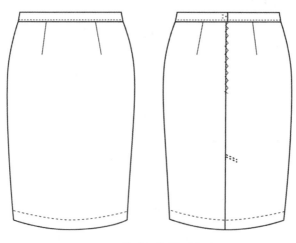

图4-1　基础裙的前后款式

4.1 基础裙的缝制工艺

基础裙也叫直筒裙、铅笔裙，是一种较贴合人体的裙子，如图4-1所示。其外形纤细，裙腰到下摆的线条流畅，臀围有小限度的松量，长度一般在膝盖上下，可根据流行适当调节裙长。为便于活动，常在侧缝或后中缝开衩，开衩的长度随裙长增长而增加，开衩方向可以左也可以右。后中开襟，装拉链。

4.1.1 ➤ 基础裙的规格及排料图

成衣规格

名称	腰围（W）	臀围（H）	裙长	裙腰宽
成衣规格	68	94	55	3

号/型：160/84A。

单位：cm。

排料图：如图4-2所示。

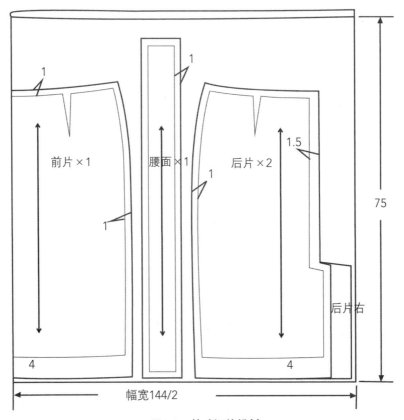

图4-2 基础裙的排料

4.1.2 ➤ 基础裙的材料准备

① 面料。面料不要过于轻飘，要有一定筋骨感，选用中厚型丝织物、薄型毛织物、棉织物、部分化纤面料即可。

用料量：幅宽110cm、144cm，需要布长＝裙长＋10cm。

② 辅料。配色线、无纺衬、拉链、直径1.5cm的纽扣1粒。

4.1.3 ➤ 基础裙的工艺流程

初学者可以参照如图4-3所示缝制过程来完成基础裙的工艺流程。

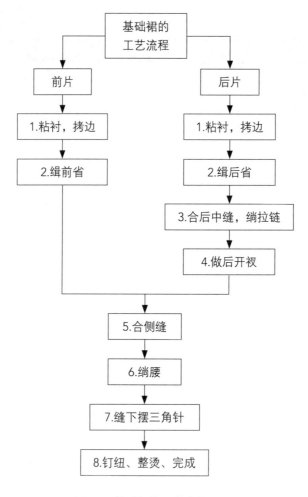

图4-3　基础裙的工艺流程

4.1.4 ➤ 基础裙的缝制方法

（1）缝片裁配，粘衬，拷边，打线钉

前裙片一片，后左、右裙片各一片，腰面裁片一片。右后裙片门襟净宽4cm，缝份

1cm。左右裙片底摆贴边4cm。左、右裙里后中缝留1.5cm缝份，左右裙片开衩处留1cm缝份，如图4-4所示。

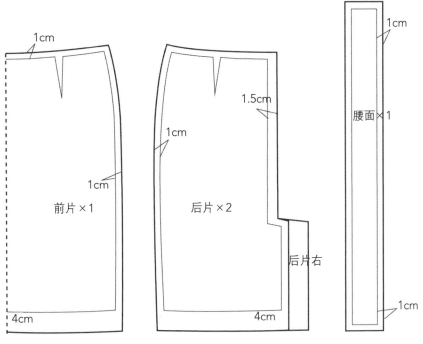

图4-4　基础裙的裁片

将裙片面反面向上，左右裙片后衩部分粘上粘合衬，腰面粘上粘合衬，侧缝、后中拷边，底摆拷边，如图4-5所示。

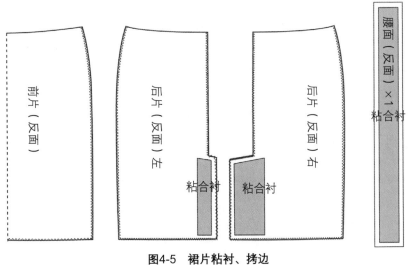

图4-5　裙片粘衬、拷边

将前、后裙片正面相对，边沿对齐，用手针穿白棉线作出各部位的标记，如省尖、开衩、缝份等，如图4-6所示。

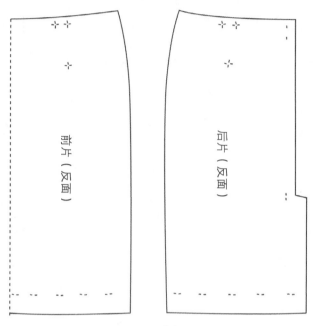

图4-6　作标记

（2）缉省缝

缉省：从腰口处沿省边线缉缝，距省尖3cm左右时收小线迹密度，缉至省尖，留出3cm长线头打结。

烫省：沿省中线折叠衣片，省的两个剪口对合，折叠衣片，熨烫。省尖处理：用手把省尖处线头打结后修剪至0.5cm。如图4-7所示。

注意：前省份倒向前中熨烫，后省份倒向后中熨烫，要做到正面平服，省尖处无起泡，无坐势。缉省时要扣除打回针，并保证缉线顺直。

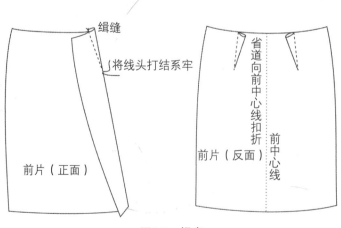

图4-7　缉省

（3）合中缝，缝开衩

将左右后裙片正面相对，缝合后中缝至开衩止点，按斜线净样绱缝至下一止点打回车。将里襟缝头拐角处打一斜剪口，剪口深度距绱线处0.1～0.2cm，把后右片折烫余量向后压向后左片，如图4-8所示。

将左右后裙片中缝分开烫平，门襟均向右侧烫倒。

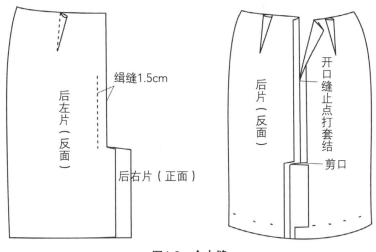

图4-8　合中缝

（4）绱拉链

① 假缝固定拉链。先将裙片后中缝份分烫，然后将拉链反面朝上平放在缝份上，其上端与腰口平齐，拉链开缝与裙中缝对齐，将拉链与裙身缝份固定，如图4-9所示。

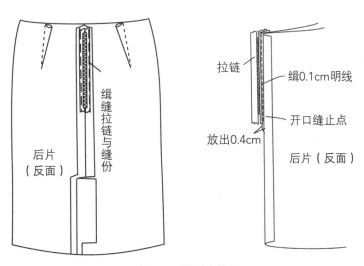

图4-9　绱后中拉链

② 绱缝固定拉链。拆开开口处的大针距缝线，拉开拉链，使其正面向上，用单压脚或专用压脚靠近一边拉链牙绱缝；用同样的方法缝合另一边拉链；从正面明线绱缝

固定后开衩，如图4-10所示。

③拉合拉链将拉链末端向外拉离缝合处，换单面压脚补缝余下的拉链止点至小针脚部分。

（5）合侧缝

将左右侧缝拷边，将前后裙片正面相对，缝合侧缝，分缝烫平，起落针时注意打回针，如图4-11所示。

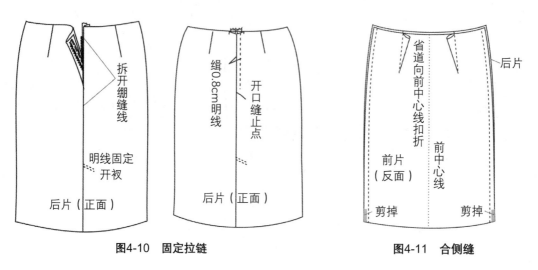

图4-10　固定拉链　　　　　　　　　图4-11　合侧缝

（6）绱腰

先在腰头布和腰衬上作对位标记；腰头折烫，将腰衬敷在腰里反面，熨斗烫平固定，如图4-12～图4-14所示。

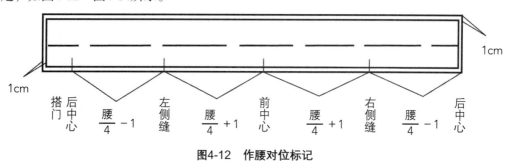

图4-12　作腰对位标记

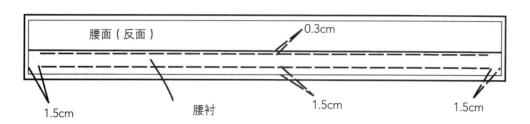

图4-13　粘腰衬

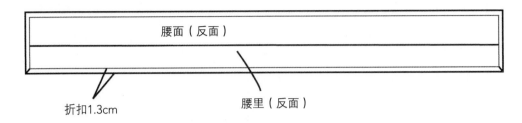

图4-14 折扣腰面

将腰头正面与裙身的正面相对，左右裙片与腰头对齐，把腰头绲在裙身上；腰头上留出的底襟放在左后裙片，然后将腰头翻好，使腰头里的边压住绱腰线0.1cm，在反面腰口用线迹绷缝固定，如图4-15和图4-16所示。

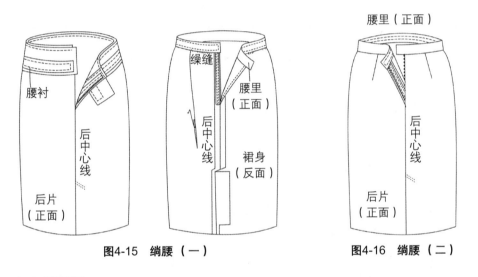

图4-15 绱腰（一）　　　　　图4-16 绱腰（二）

（7）缝下摆

裙下摆线无须拷边，按净样剪口位置扣烫底摆，并把底摆用三角针固定在裙片反面，三角针间距0.3～0.5cm，如图4-17所示。

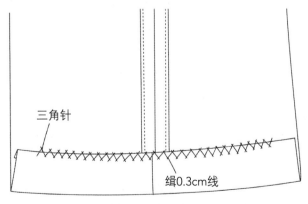

图4-17 缝下摆

（8）钉纽、整烫、完成

腰头门襟处锁横扣眼一个，或在腰头门里襟钉一对裤钩，如图4-18所示。

清剪线头，清洗污垢。在裙片反面盖烫布，用蒸汽熨斗熨烫侧缝、省；在裙片正面盖烫布，烫裙腰、裙里与裙片面。熨烫时，熨斗宜直上直下烫，并与纱线方向保持一致，以免裙子变形走样；腰臀部需放在布馒头上熨烫，以保证此处圆顺、服帖。

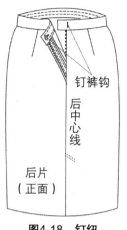

图4-18　钉纽

4.2　裙子款式图例及工艺分析

4.2.1 ➢ 裙子的分类

（1）按长度分类

· 超短裙：超短裙也称迷你裙，长度至臀沟，腿部几乎完全外露；
· 短裙：长度至大腿中部，款式比较简单；
· 齐膝裙：长度至膝关节，以西装裙为代表；
· 过膝裙：长度至膝关节下端；
· 中长裙：长度至小腿中部，造型美观，种类较多；
· 长裙：长度至脚踝，风格飘逸，薄面料较多；
· 拖地长裙：长度至地面，可以根据需要确定裙长。

（2）按裙子的形态分类

裙子的种类可以有筒裙、A字裙、波浪裙、多片裙、破褶裙、褶裙和节裙等。

· 筒裙：裙子的基本型，是自腰围、臀围至裙摆的线条呈直下状态或下摆稍向内缩、合身而机能性小的裙子；
· A字裙：裙摆较臀部宽，属于轻便型的裙子；
· 波浪裙：裙摆比A字裙更宽广，由于裁剪与裙摆宽度的不同，又有各式各样的款式，如圆裙、斜裙、喇叭裙等；
· 多片裙：包括四片、六片、八片等，因利用直方向的多片裁剪缝制而成，轮廓感觉立体；
· 破褶裙：以缩缝的方法在腰围线处缩集细碎褶，造型年轻可爱；
· 褶裙：在腰围处加上直线条的褶皱，是活动性颇佳的裙子；

· 节裙：结构形式多样，基本形式有直接式节裙和层叠式节裙，在礼服和生活装中都可采用，设计倾向以表现华丽和某种节奏效果为主。

（3）按裙子腰围线高低分类

裙子的种类可以有低腰裙、无腰裙、宽腰裙、高腰裙和连衣裙。

· 低腰裙：腰围线低于正常腰位线3~5cm，腰头多采用弧形腰头；

· 无腰裙：指没有腰头的裙子，在裙子的基本型中去除腰头就是一件无腰裙；

· 宽腰裙：指腰头较宽的裙子；

· 高腰裙与宽腰裙相似，腰口线高于人体的腰际，但高腰裙的腰头要与裙子连为一体，而不需要另装腰头；

· 连衣裙：指上衣与裙身连接在一起的裙子，衣身与裙片可拼接组合成连衣裙，其造型丰富，穿着使用率高。

（4）按衣料分类

裙子的种类可以有牛仔裙、雪纺裙、蕾丝裙、棉质裙等。

按面料分类比较好理解，每一种裙子都与其布料相对应，因而在透气性上有不同的表现。现在很多年轻人都热衷于穿牛仔裙，主要还是看中其新颖的款式。

（5）按裙摆的大小分类

通常分为紧身裙、直筒裙、半紧身裙、斜裙、半圆裙和整圆裙。

· 紧身裙：臀围放松量4cm左右；结构较严谨，下摆较窄，需开衩或加褶；

· 直筒裙：整体造型与紧身裙相似，臀围放松量也为4cm，只是臀围线以下呈现直筒的轮廓特征；

· 半紧身裙：臀围放松量4~6cm，下摆稍大，结构简单，行走方便；

· 斜裙：臀围放松量6cm以上，下摆更大，呈喇叭状，结构简单，动感较强；

· 半圆裙和整圆裙：裙摆的下摆更大，下摆线和腰线呈180°、270°或360°等圆弧状。

图4-19为不同造型的裙子。

图4-19　不同造型的裙子

4.2.2 ➢ 款式图例与工艺分析

本节以下半身裙为例来讲解裙子的工艺方法。

4.2.2.1 小A裙

（1）款式介绍

小A裙造型如A字形，是一种腰部合体、下摆宽松的裙子。其外形简洁，裙腰到下摆的线条流畅，廓形宽松，长度一般较短，可根据流行适当调节裙长的设计变化。裙身共4个省，后中拉链，腰钉纽扣，贴后口袋，如图4-20所示。

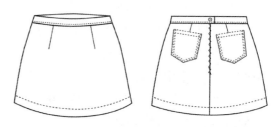

图4-20 小A裙前、后款式

（2）裁片介绍

前裙片1片，后左、右裙片各1片，腰面裁片1片，口袋裁片2片。

（3）工艺分析

这款小A裙工艺流程与基础裙的工艺流程基本相似，不同点为后片贴口袋并缉双明线，腰部开纽洞并钉纽扣。

（4）工艺流程

① 缉缝前、后片腰省：裙片正面相对，缉缝省量并打结。

② 明线缉缝后片口袋：把口袋折扣熨烫平整，缉缝口袋明线，如图4-21所示；按照标记位置先用大头针固定，从正面缉缝明线0.1cm和0.5cm各一条，如图4-22所示。

③ 合后中缝，缲拉链，与基础裙缲拉链方法相同。

④ 合侧缝：前后片正面相对缉缝，缝份1cm。

⑤ 缲腰与基础裙缲拉链方法相同。

扣烫2.5cm
扣烫1cm

图4-21 折烫后口袋

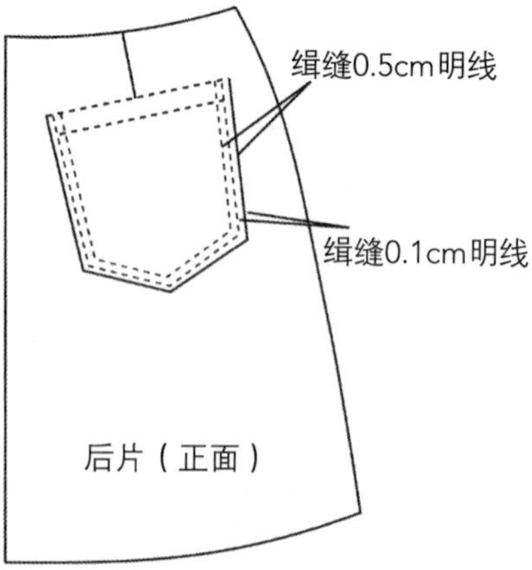

缉缝0.5cm明线
缉缝0.1cm明线
后片（正面）

图4-22 缉缝口袋明线

⑥ 卷边缝裙摆1.5cm，钉纽，整烫完成，如图4-23所示。

图4-23 开纽洞钉纽扣

4.2.2.2 荷叶裙

（1）款式介绍

这款荷叶裙造型就是在A字裙裙摆拼接一荷叶边，是一种腰部较合体、下摆宽松的裙子。其外形漂亮，造型可爱，可根据流行适当调节裙长。裙身共4个省，拉链在侧缝，无绱腰，腰口贴边，如图4-24所示。

（2）裁片分析

前后裙片各1片，下摆荷叶片1片，腰面贴边裁片2片。

（3）工艺分析

这款裙的工艺流程与基础裙的工艺流程相似，不同点在于拉链在侧缝，腰部需贴边，衣摆拼接荷叶边。

图4-24 荷叶裙前、后款式

（4）工艺流程

① 绱缝前、后片腰省：裙片正面相对，绱缝省量，省尖打结。

② 合侧缝：前后片正面相对绱缝，缝份1cm，预留拉链位置。

③ 侧缝绱拉链：与基础裙绱拉链方法相同。

④ 绱裙贴边与基础裙绱腰方法相比较简单，把腰片贴边正面与裙片正面相对绱缝，缝份1cm；再把贴边翻到裙反面，贴边两侧固定在侧缝处和拉链处，如图4-25所示。

⑤ 绱荷叶边：先把荷叶边一边卷边缝1cm，另一边抽褶，抽褶后的荷叶边与裙摆相等，荷叶边正面与裙片正面相对绱缝一周，缝份1cm，如图4-26所示。

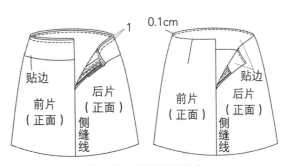

图4-25 缝制裙腰贴边

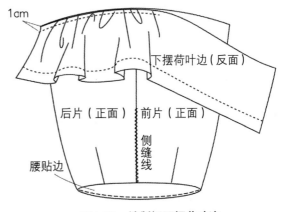

图4-26 缝制裙下摆荷叶边

53

⑥拉链扣钉挂钩，整烫完成。

4.2.2.3 一片裙

（1）款式介绍

一片裙俗称太阳裙，即腰部合体、下摆宽松、裙身自然下垂呈波浪状的裙子。其外形漂亮，造型可爱，可根据流行适当调整裙摆造型的设计。裙身无省，拉链在侧缝，绱腰，如图4-27所示。

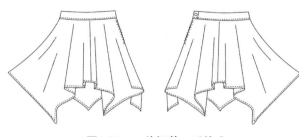

图4-27 一片裙前、后款式

（2）裁片分析

裙片1片，腰面裁片1片。

（3）工艺分析

这款裙工艺流程比基础裙的工艺流程简单，其流程为：开侧缝—绱拉链—绱腰—缝下摆。

（4）工艺流程

① 在裙片腰头部分小圆处按照标记开拉链侧缝，如图4-28所示；把侧缝折烫，如图4-29所示。

② 绱缝拉链：在侧缝开口处绱缝，如图4-30所示；裙片正面绱缝拉链明线，缝份0.1cm，如图4-31所示。

③ 绱腰：把腰片正面与裙片正面相对绱缝，缝份1cm；再把腰片翻到裙反面根据腰宽折烫，腰片贴边扣折绱缝0.1cm，如图4-32所示。

④ 绱缝裙摆，卷边缝份1cm，如图4-33所示。

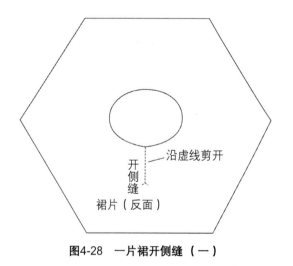

图4-28 一片裙开侧缝（一）

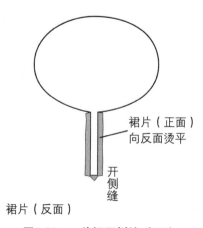

图4-29 一片裙开侧缝（二）

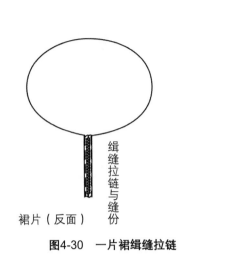

图4-30 一片裙缉缝拉链

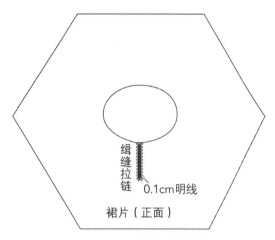

图4-31 一片裙拉链缉明线

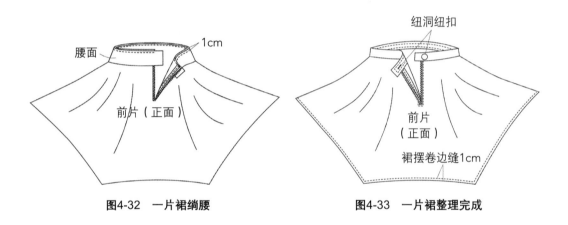

图4-32 一片裙绱腰　　　　图4-33 一片裙整理完成

⑤缝纽洞，钉纽扣，整烫完成。

4.2.2.4 牛仔超短裙

（1）款式介绍

超短裙造型短小简洁，是一种腰部、臀部较合体的牛仔裙型。其外形合体，裙身装饰线较多，长度一般在大腿上部。裙身无省，前片竖拼接，后片臀上部横拼接，前中绱拉链，腰部钉纽扣，后贴口袋，装腰襻，如图4-34所示。

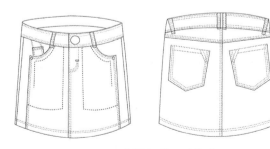

图4-34 超短裙前、后款式

（2）裁片分析

前裙片4片，后左、右裙片各2片，腰面裁片1片，口袋裁片2片，腰襻6个。

（3）工艺分析

这款裙子工艺流程与基础裙的工艺流程相比较为复杂，前片需拼接并缉双明线，后片拼接、贴口袋与牛仔裤工艺方法相同，缉腰并加腰袢。

（4）工艺流程

初学者可以参照图4-35所示缝制过程来完成。

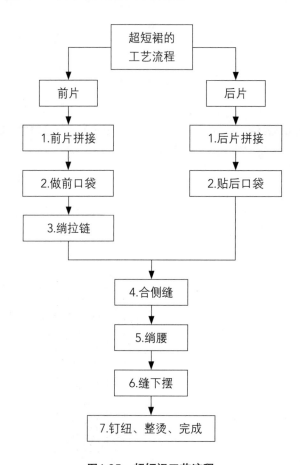

图4-35　超短裙工艺流程

① 做右边小口袋。扣烫小口袋，缉缝袋口，如图4-36所示；把小口袋明线缉缝在前片1上，如图4-37所示。

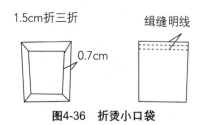

图4-36　折烫小口袋　　　　　　图4-37　固定小口袋

② 做裙前片2。裙前片2口袋反面贴边，正面缉缝袋口明线，如图4-38所示；扣烫拼接线1cm。

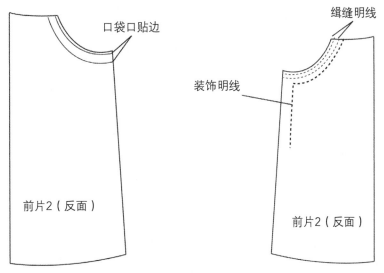

图4-38　做裙前片2袋口

③ 拼接裙前片1和裙前片2，明线缉缝前片2扣烫部分，钉铆钉，缉缝固定口袋明线，如图4-39所示。

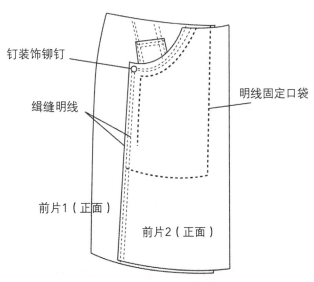

图4-39　拼接裙前片1和裙前片2

④ 拼接后片，拷边后正面缉缝明线；然后扣烫后口袋，袋口缉明线，再把口袋明线缉缝在后片上，如图4-40和图4-41所示。

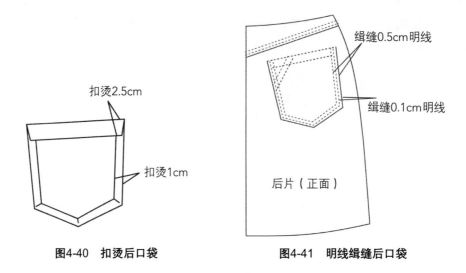

图4-40　扣烫后口袋　　　　　　　　图4-41　明线缉缝后口袋

⑤ 做前片门襟，门襟拷边，把右片门襟、拉链、裙片前中正面对齐缉缝，缝份1cm，打开正面缉缝0.1cm明线，如图4-42所示。

⑥ 把贴边拷边，再把左片门襟前中和贴边正面相对缉缝，缝份1cm，打开烫平，翻折到裙片反面，如图4-43所示。

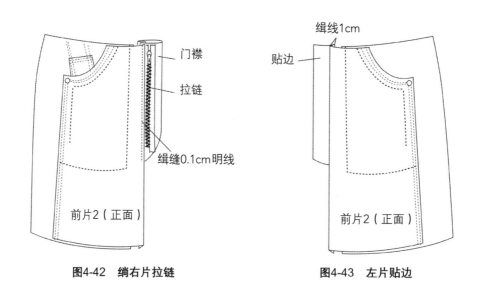

图4-42　绱右片拉链　　　　　　　　图4-43　左片贴边

⑦ 合前中到拉链处，固定贴边和拉链另一侧，固定拉链和贴边，如图4-44所示。

⑧ 放平拉链左前片，缉缝明线和装饰明线固定拉链；合侧缝前后裙片正面相对缉缝，缝份1cm，如图4-45所示。

⑨ 绱裙腰与基础裙绱腰方法相比较简单，把腰片贴边正面与裙片正面相对缉缝，缝份1cm；再把贴边翻到裙反面，腰头前门襟缝合。

图4-44 前片中缝合片

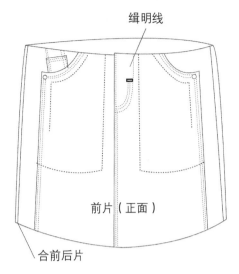

图4-45 固定左片拉链

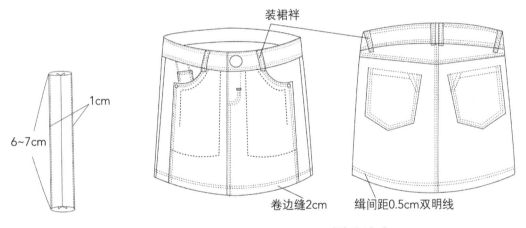

图4-46 做裙襻

图4-47 超短裙完成

⑩ 做裙襻，将串带襻正面对折，缝份1cm，将正面翻出来，烫平整，两边缉0.1cm明线，共做6只，如图4-46所示。

⑪ 装裙襻，折扣裙襻一端，腰头下1cm处回针固定，再翻到腰口处向里折扣，与腰口相平，回针固定。

⑫ 下摆卷边缉缝一周，缝份2.0cm，再缉缝0.5cm双明线；钉纽扣，整烫完成，如图4-47所示。

4.2.2.5 X型裙

（1）款式介绍

X型裙形似鱼尾裙，造型简洁，线条流畅。其外形合体，裙腰、臀、大腿都比较合体，下摆的线条流畅廓出，裙身分7片，前片3片拼接，后片4片拼接，后中绱拉链，裙腰有装饰领，无绱腰，如图4-48所示。

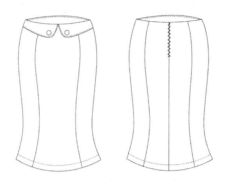

图4-48　X型裙前、后款式

（2）裁片分析

前裙片3片，后左、右裙片各2片，腰面贴边裁片2片，装饰领裁片4片。

（3）工艺分析

这款裙子工艺流程与基础裙的工艺流程相似，主要细节是前后裙片需拼接，腰头绲缝装饰领，并装腰头贴边。

（4）工艺流程

①拼接前、后片：裙片正面相对绲缝，缝份1cm，如图4-49所示。

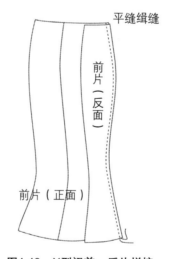

平缝绲缝

前片（反面）

前片（正面）

图4-49　X型裙前、后片拼接

②合后中：后片正面相对绲缝，预留拉链位置；做拉链与基础裙绱拉链方法相同。

③做装饰领：如图4-50所示，领里领面正面相对绲缝，缝份1cm；翻到正面熨烫平整明线绲缝，缝份0.1cm；然后把领页固定在前片，腰头、侧缝对齐。

④ 合侧缝：前后片正面相对缉缝，缝份0.1cm。

⑤ 缉裙贴边：把腰片贴边正面与裙片正面相对缉缝，缝份1cm，装饰领在中间；再把贴边翻到裙反面并拷边，贴边两端固定在拉链处，侧缝处固定，如图4-51所示。

⑥ 手工三角针固定裙摆，拉链口钉挂钩，整烫，完成。

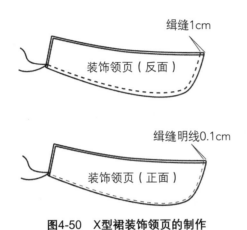

图4-50　X型裙装饰领页的制作

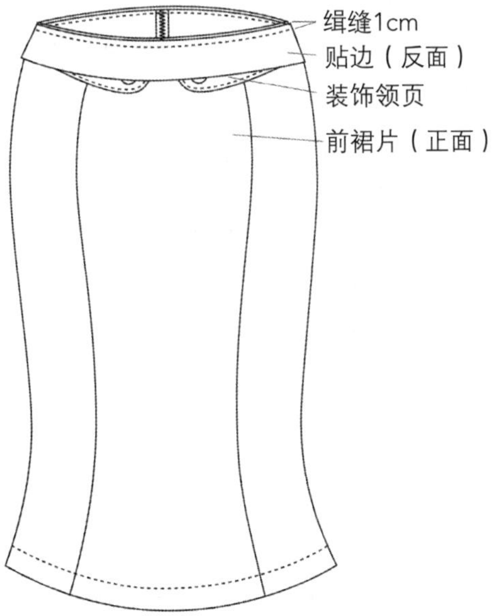

图4-51　X型裙贴边缉腰

第5章
裤装的缝制工艺

　　裤是将人体下半身的两腿分别包裹起来的服装，穿裤子能使下肢活动自如。英文为"trousers"或"slacks""pants"。在追求轻便性、功能性的现代服装中，裤子具有无可替代的位置。

　　西裤（trousers）即西式裤，原来仅指与西装上衣配套穿着的裤子，现指所有的西式裤子。

　　西裤主要是办公、社交及日常穿着，款式和造型要求舒适自然，结构上比较注重服装与形体的协调性，所以西裤利用结构分割进行收省、褶裥等，使裤子具有合体美观、方便活动等特点，裁剪时放松量适中，给人以平和稳重的感觉，是受普遍欢迎的、具有很强生命力的一类裤型。西裤在造型及生产工艺上基本已国际化和规范化。西短裤与西裤的工艺基本相同，长度在膝盖以上不等，可根据自己的需要选择。

　　从功能上说，西裤宽松适度，在走路、上楼时既方便活动，又不显得过于松垮。侧面斜插兜的设计，使男士们随身携带的物品有了安身之所。造型简练的西裤更可适合多种场合。在商务会议、谈判等严肃场合，穿着西裤可塑造沉稳、干练的气质；上班时可以配上严肃的樽领衬衫，既方便在上班途中奔波，又可树立严谨、精干的工作形象；周末需要感受一下休闲乐趣的时候，针织翻领T恤衫与直筒长裤相配，随意又舒适；需要公务外出、短暂旅游时，可以带上一条穿着舒适、方便洗涤、免烫、易整理的西裤，这样就不必在舟车劳顿后为满裤子的褶皱尴尬了。

　　从流行的角度看，西裤的外形也有不同的变化。如口袋的形状有多种变化，有直插袋、斜插袋、弧形插袋等。前裤片褶裥数量与形式也不相同。一般西裤的裤腿接近直筒型，并有明显的裤线，裤型根据流行有肥瘦的差别。但是无论哪种裤型，其缝制工艺基本相同。

　　下面以基础男西裤为例讲解裤装的缝制工艺。

5.1　基础西裤的缝制工艺

　　西裤款式特征：方形直腰头，腰头部串带6只，门里襟绱拉链，前片侧缝各设一斜插袋，前左右腰口各收逆褶两个，后裤片腰部左右各收两个省，后臀部左右各设双嵌线挖袋一个，脚口略收，如图5-1所示。

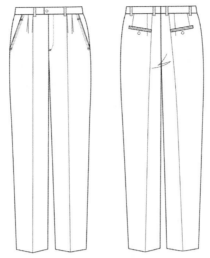

图5-1 基础裤正、背面款式

5.1.1 ➢ 基础男西裤的规格及排料图

成衣规格

名称	腰围（W）	臀围（H）	裤长	裤腰宽	脚口
成衣规格	80	106	104	3.5	23

号/型：170/78A（男）。

单位：cm。

排料图：如图5-2所示。

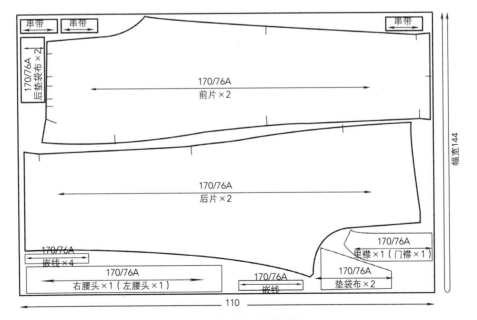

图5-2 基础男西裤排料图

5.1.2 ➤ 基础男西裤的材料准备

（1）面料

面料选用具有一定重量感、悬垂性好、光泽柔和、挺括的纯毛精纺机织物、混毛精纺织物和纯化纤仿毛机织物，春夏季选择稍薄一些的织物，秋冬季选用中厚型丝织物、薄型毛织物、部分化纤面料等。

用料量：幅宽150cm、144cm，需要布长 = 裤长 + 10cm。

（2）辅料

口袋布50cm、配色线、无纺衬、拉链、直径1.5cm纽扣2粒、裤钩1副。

5.1.3 ➤ 基础男西裤的工艺流程

初学者可以参照如图5-3所示缝制过程来完成。

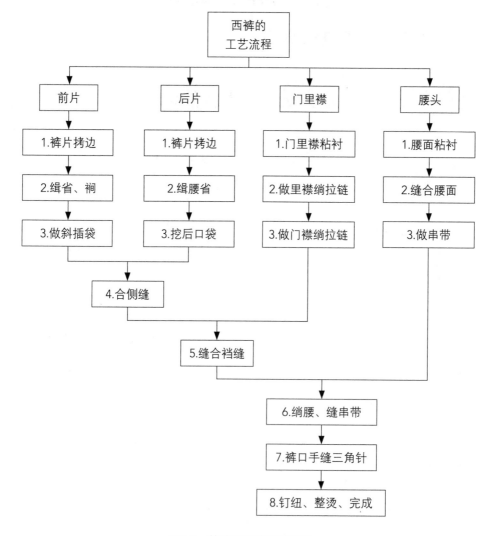

图5-3 基础男西裤工艺流程

5.1.4 ➤ 基础男西裤的缝制方法

（1）缝片裁配，粘衬，拷边

前裤片左右各1片，后裤片左、右各1片，腰面裁片1片，门襟、里襟各1片，串带6片，前口袋垫布2片，后口袋嵌线4片，前后口袋布各2片。

将裤片面反面向上，门、里襟净缝内侧粘上粘合衬，腰面裁片粘合衬，前后裤片以及部件部分拷边，如图5-4所示。

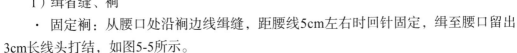

图5-4 拷边

（2）前裤片的缝制

1）缉省缝、裥

·固定裥：从腰口处沿裥边线缉缝，距腰线5cm左右时回针固定，缉至腰口留出3cm长线头打结，如图5-5所示。

·烫裥：第一个裥沿裥线向裤前中心折叠裤片，熨烫，第二个裥依次烫平。

·裥尖处理：用手把裥尖处延长至裥量消失，烫平，如图5-6所示。

注意：前省份倒向前中熨烫，后省份倒向后中熨烫，要做到正面平服，省尖处无起泡，无坐势。缉省裥时要扣除打回针，并保证缉线顺直。

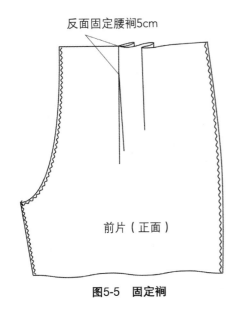

图5-5 固定裥

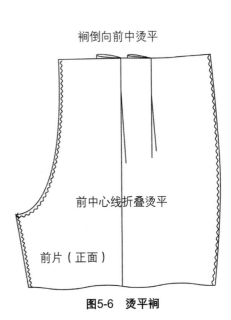

图5-6 烫平裥

2）做斜插袋

① 分配左右口袋布和垫袋布，如图5-7和图5-8所示。

② 缝制前口袋：将袋布平铺在袋口的反面，对齐袋口，在袋口的边沿贴嵌条，如图5-9所示；在插袋口的下止点位置打剪口，将袋口沿斜线扣折并烫平，从正面缉双明线，如图5-10所示；沿侧缝线边沿缉明线，将折边与袋布缝合在一起，如图5-11所示。

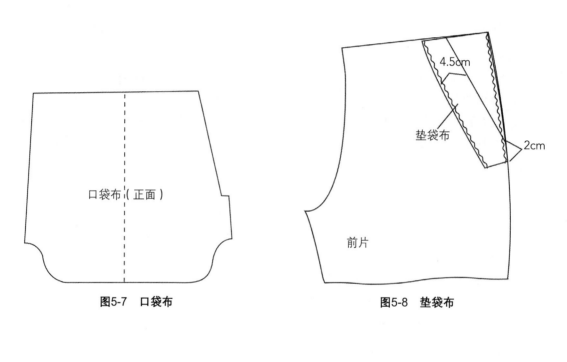

图5-7　口袋布

图5-8　垫袋布

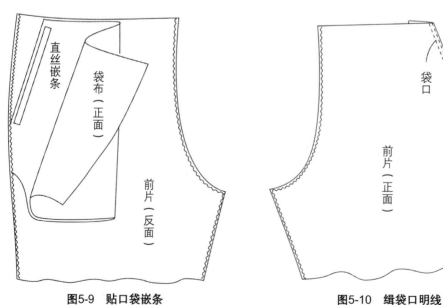

图5-9　贴口袋嵌条

图5-10　缉袋口明线

③ 把垫袋布平铺在袋布的正面，对齐边沿0.5cm明线缉缝固定，如图5-12所示；将袋布反面对折，缝合袋布下边，如图5-13所示；然后将袋布反过来整烫，固定口袋，如图5-14所示。

④ 袋口净缝内侧粘无纺衬，烫袋口缝份。

⑤ 搭缝垫袋布，下口距外止口2cm不缝，绱前袋布。

⑥ 袋口缉明线。

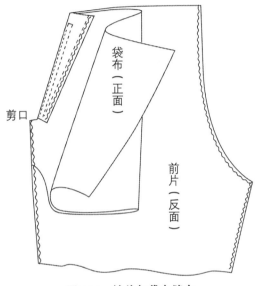

图5-11　裤片与袋布缝合

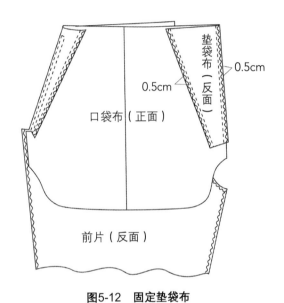

图5-12　固定垫袋布

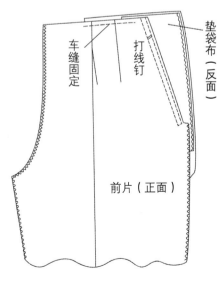

图5-13　缝合袋布下边

图5-14　正面固定裤片与袋布

⑦ 勾缝袋布下口，缝份0.5cm，起止针打回车；袋上止口倒回针3道封结。

（3）后裤片的缝制

1）缉省缝、裥

缉腰省、将省缝向裆缝方向倒烫；用袋位板划袋口位线，如图5-15和图5-16所示。

缉省：从腰口处沿省边线缉缝，距省尖3cm左右时收小线迹密度，缉至省尖，留出3cm长线头打结。

烫省：沿省中线折叠衣片，省的两个剪口对合，折叠衣片，熨烫。

省尖处理：用手把省尖处线头打结后修剪至0.5cm。

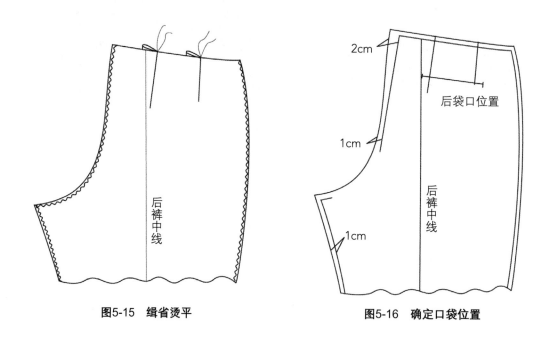

图5-15　缉省烫平　　　　　　　　　　图5-16　确定口袋位置

2）做后口袋

① 分配好左右口袋布和垫袋布等部件，如图5-17所示。

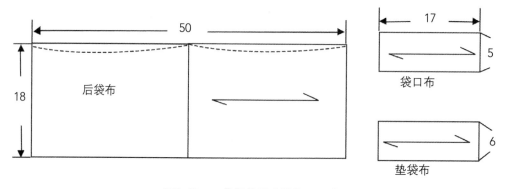

图5-17　口袋部件图（单位：cm）

② 将口袋布按照口袋位置平放在后裤片的反面，用大头针临时固定，如图5-18所示。

③ 根据口袋位置，将口袋布正面与裤片的正面相对，沿口袋宽度在上下口袋布上各缉一道线，两线间距0.8cm，两线要长度相等且平行，如图5-19所示；然后将袋口沿中间线剪开，口袋两端剪成三角形，如图5-20所示。

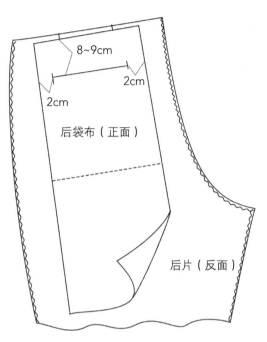

图5-18　固定口袋布位置

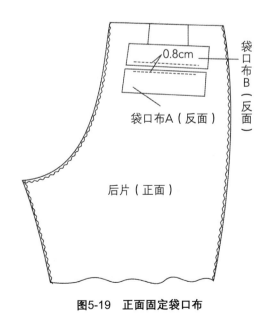

图5-19　正面固定袋口布

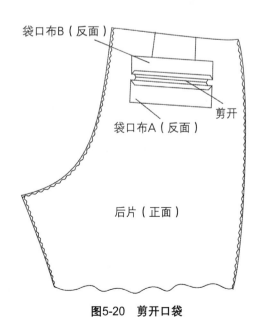

图5-20　剪开口袋

④ 将上下袋口分别向后片反面翻折并分缝烫平，如图5-21所示；然后将反面袋口布烫平，将袋口A的边缉线0.1cm与袋布缝合，如图5-22所示；在袋布反面靠近袋口位置缉线使袋口固定，如图5-23所示。

⑤ 把垫袋布放在口袋布上缉缝0.1cm线迹固定，如图5-24所示。

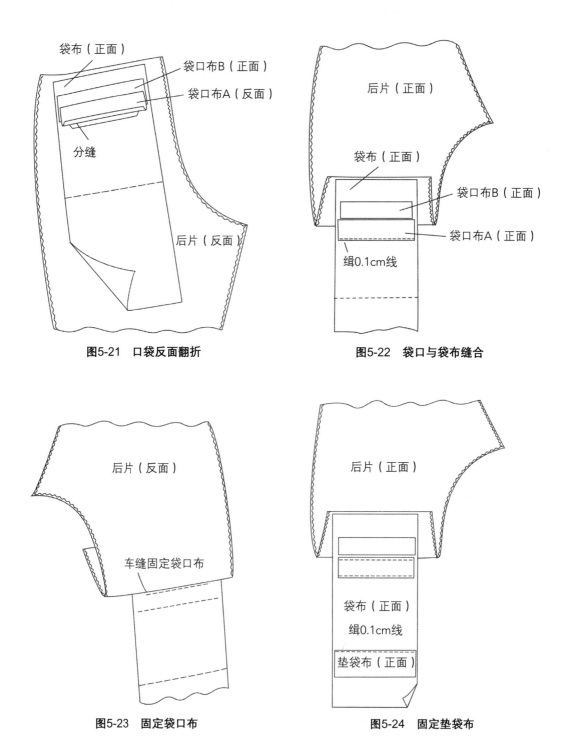

图5-21　口袋反面翻折

图5-22　袋口与袋布缝合

图5-23　固定袋口布

图5-24　固定垫袋布

⑥ 将袋布对折，对齐顶端和侧面，沿边缉缝0.5cm，如图5-25所示；然后翻出袋布，用回针固定两端三角，并缉线固定口袋上线，即上口袋，袋布周围再缉0.5cm线迹，如图5-26所示。

⑦ 沿袋布周边缉完0.5cm明线后，将腰部和袋布固定，如图5-27所示；熨烫后口袋正反面，在口袋中下方缝纽洞，钉纽扣，如图5-28所示。

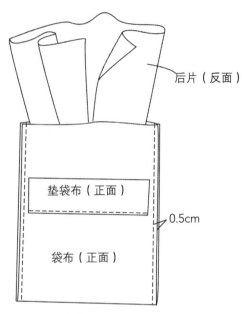

图5-25　缝合袋布

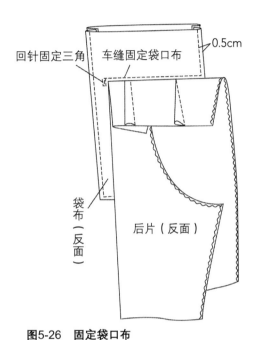

图5-26　固定袋口布

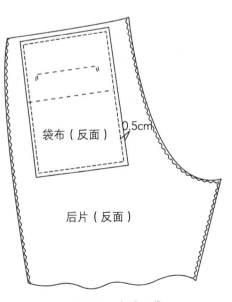

图5-27　完成口袋

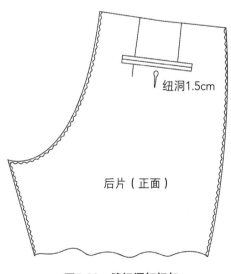

图5-28　缝纽洞钉纽扣

3）合侧缝，分烫缝份

将前后裤片正面相对，对齐侧缝线，掀开袋布上层，缝1cm侧缝线，如图5-29所示；然后将侧缝分缝烫平，把袋布边沿绲缝0.5cm线，再缝合袋布与侧缝线，如图5-30所示。

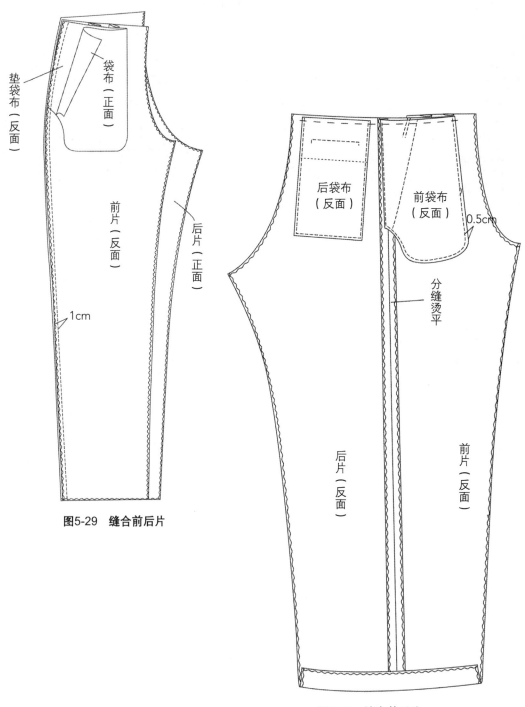

图5-29　缝合前后片

图5-30　缝合前后片

（4）做门里襟

1）做里襟

①整理里襟部件，如图5-31所示。

②将里襟面与里襟里正面相对，沿外口平缝，缝份0.7cm；里襟正面翻出并扣烫止口，使面止口突出0.1cm，如图5-32所示。

③将里襟里另一侧沿里襟面包转扣烫，下口缝份剪几个剪口。

④将里襟里尾端毛边烫回。

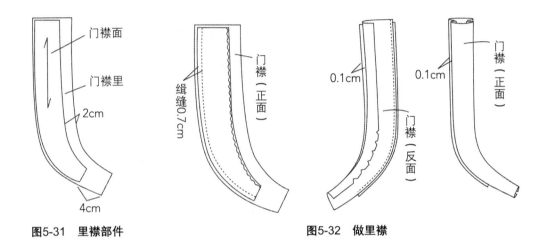

图5-31 里襟部件

图5-32 做里襟

2）做门襟，绱拉链

①将门襟包缝边与裤左前片正面相对平缝，缝过止口1.2cm止，缝份0.7cm，如图5-33所示；将门襟正面翻转扣烫，止口偏进0.2cm，如图5-34所示。

②准备拉链，使拉链正面与右裤片正面相对，拉链带边与裤开襟缝对齐平缝，缝份0.5cm，如图5-35所示。

③将门襟正面向上铺平，然后将拉链开口端朝腰口方向与门襟正面相对，一边与裤片扣烫线对齐，另一边与门襟0.7cm的线缝合，如图5-36所示。

④将里襟面正面朝下盖在拉链上，三层绷缝缝合；门襟正面翻出来熨烫平整，如图5-37所示。

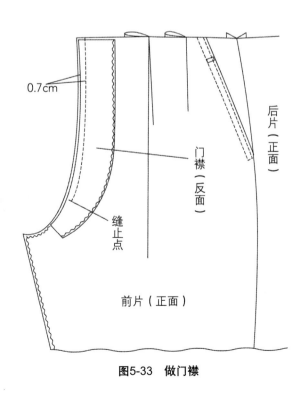

图5-33 做门襟

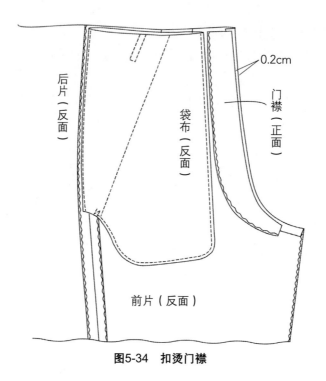

后片（反面）

袋布（反面）

0.2cm

门襟（正面）

前片（反面）

图5-34　扣烫门襟

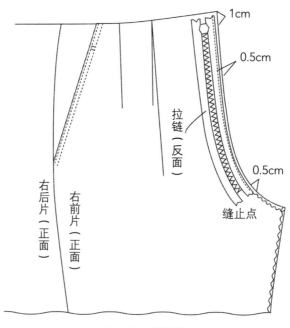

1cm

0.5cm

拉链（反面）

0.5cm

右后片（正面）

右前片（正面）

缝止点

图5-35　绱拉链

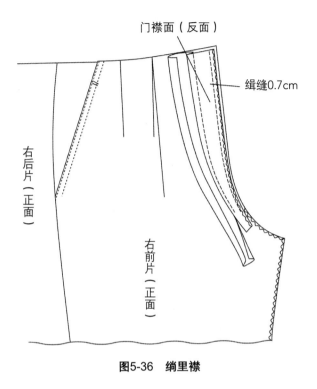

门襟面（反面）

缉缝0.7cm

右后片（正面）

右前片（正面）

图5-36　绸里襟

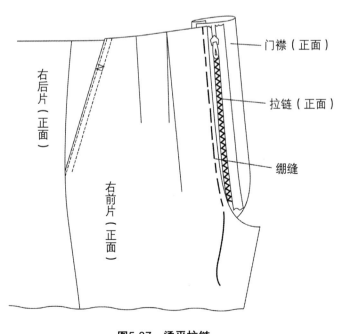

门襟（正面）

拉链（正面）

绷缝

右后片（正面）

右前片（正面）

图5-37　烫平拉链

（5）做腰头，钉串带襻

1）缝合左腰面、腰里，缝串带襻，绱左腰头，压缉腰里明线

① 将腰面和腰里正面相对，上口对齐缝合，缝份0.7cm，然后将缝份向腰里方向倒烫，如图5-38所示。

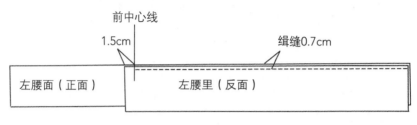

前中心线

1.5cm

缉缝0.7cm

左腰面（正面）

左腰里（反面）

图5-38 缝合左腰头

② 缝串带襻。将串带襻正面对折，缝份1cm，将正面翻出来，烫平整，两边缉0.1cm明线，共做6只，如图5-39所示。

③ 确定裤襻位置，串带襻正面与裤片腰口正面相对，平缝缉合，把裤襻定在前后片上缉缝时回针固定，如图5-40所示。

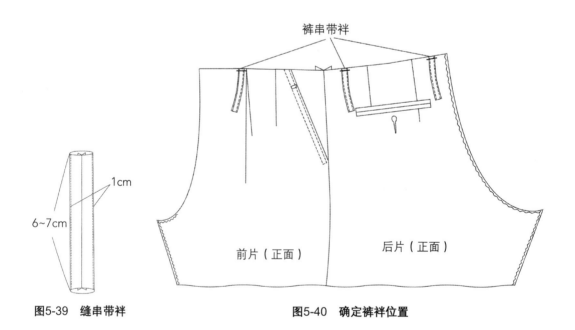

裤串带襻

1cm

6~7cm

前片（正面）

后片（正面）

图5-39 缝串带襻

图5-40 确定裤襻位置

④ 先做左边，将腰面正面和裤片正面相对，裤串带祥夹在中间，对齐腰线，如图5-41所示。

⑤ 腰头伸出部分在距离前中心线4cm处，折向裤片反面，并沿上口线缉缝1cm的线，如图5-42所示。

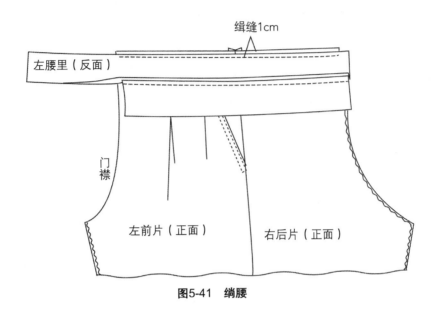

图5-41　绱腰

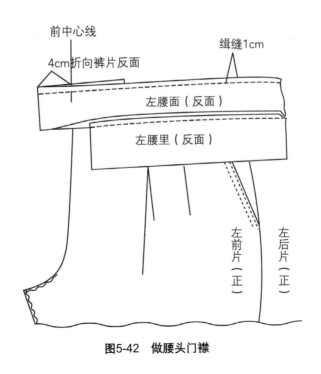

图5-42　做腰头门襟

⑥ 将腰头正面打开，烫平，沿上口线绲缝至门襟宽度，缝份1cm，如图5-43所示。

⑦ 把腰里向裤反面折烫，左腰头完成，如图5-44所示。

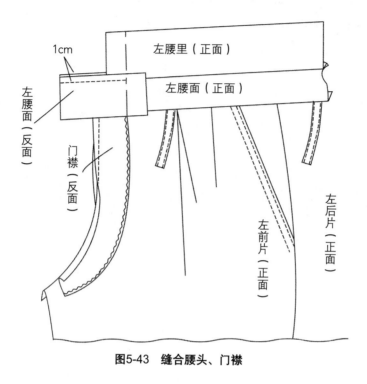

图5-43　缝合腰头、门襟

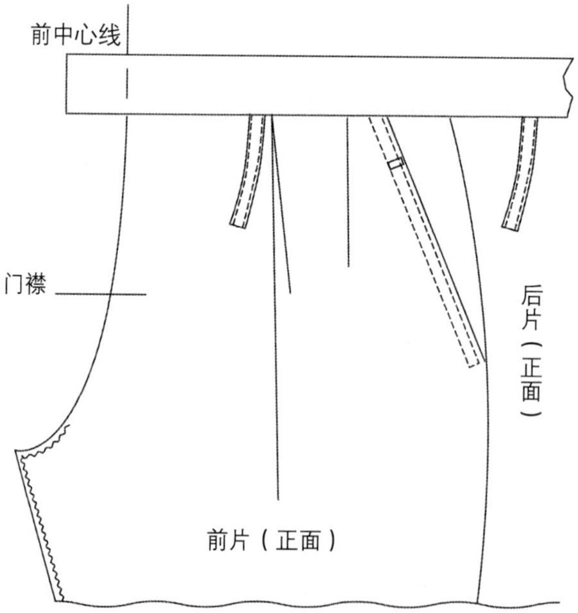

图5-44　左腰头正面

2）缝合右腰面、腰里，绱右腰头

① 将右腰面和腰里正面相对，上口对齐缝合，缝份0.7cm，然后将缝份向腰里方向倒烫，如图5-45所示。

② 与左半边相同，确定右半边裤袢位置，串带袢正面与裤片腰口正面相对，平缝缉合，把裤袢定在前后片上缉缝时回针固定。

③ 裤串带袢夹在中间，右裤片和右腰头正面相对缝合，缝份1cm，如图5-46所示。

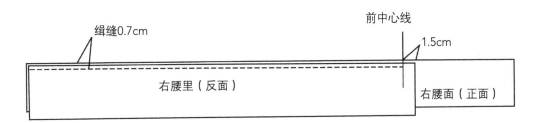

图5-45　缝合右腰头

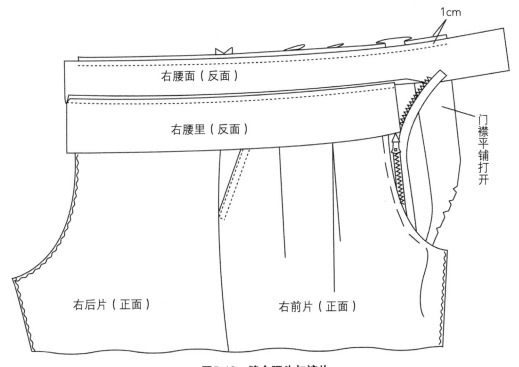

图5-46　缝合腰头与裤片

④门襟翻出，缉缝上口线，缝份1cm，如图5-47所示。

⑤门襟翻到原位，熨斗烫平，右腰头完成，如图5-48所示。

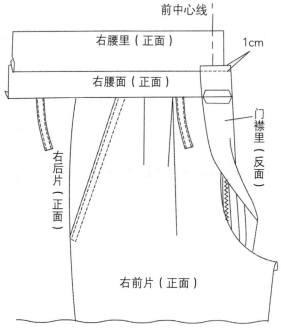

图5-47　缝合右门襟

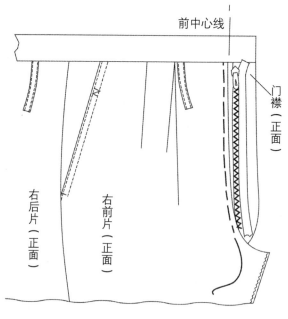

图5-48　右腰头正面

3）合拉链、钉裤钩

① 在右腰头正面安装裤钩，在前中心线向左0.5cm，如图5-49所示；左腰头裤钩装在左腰头反面，距离前中心线1cm处（可调节），如图5-50所示。

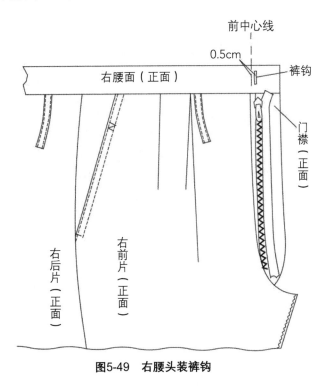

图5-49　右腰头装裤钩

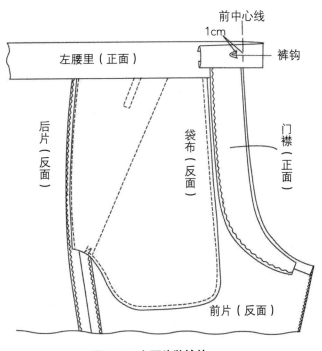

图5-50　左腰头装裤钩

② 固定拉链，沿右片拉链缉0.1cm明线，确定左片拉链位置，用手针绷缝固定，如图5-51所示。

③ 缉缝左片门襟拉链，如图5-52所示。

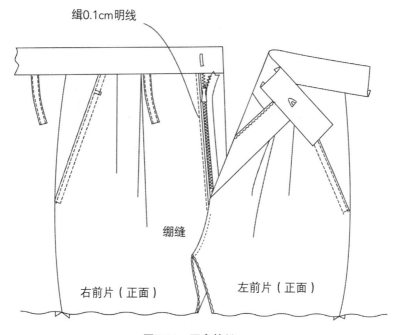

图5-51　固定拉链

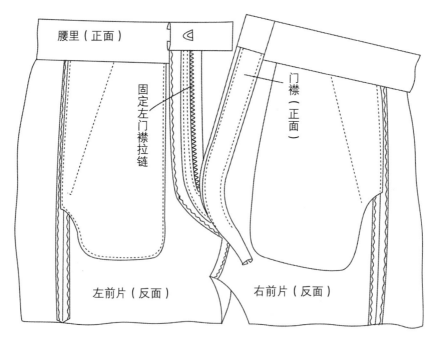

图5-52　缉缝左门襟拉链

（6）缝合裆缝、固定门襟

① 缝合下裆缝，正面相对对齐，前裤片在上，缝份1cm。

② 将一条缝好的裤筒正面翻出，塞进另一裤筒内，缉缝上裆，缝份1cm至后中缝份2cm，直到腰头，缉线2遍，起止针打回车；把腰头里、面打开，左右缝合，如图5-53所示。

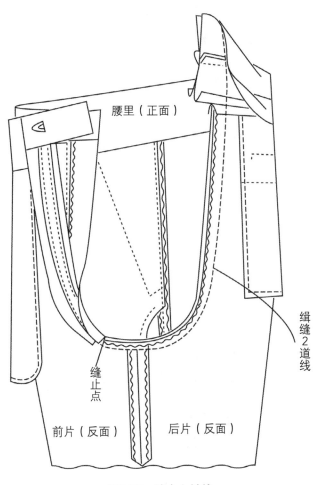

图5-53 缝合上裆线

③ 分烫裆缝缝份，裤反面门襟、里襟、腰头依次固定，如图5-54所示；裤正面左前片缉缝3.5cm明线，固定拉链，在拉链尾部打套结，钉纽扣，如图5-55所示。

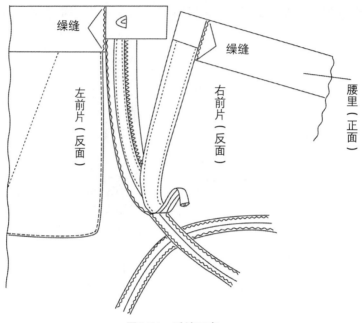

图5-54　手缝固定

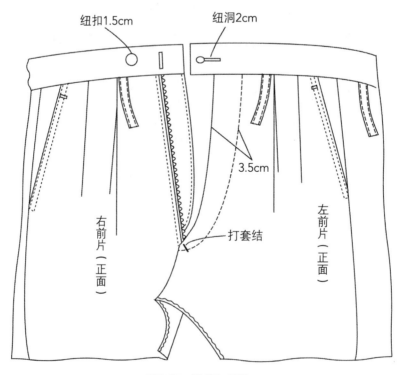

图5-55　缉前门明线

④ 固定裤串带袢，腰下1cm处固定，腰上与腰头相平0.1cm缉线，如图5-56所示。

（7）裤口三角针

已拷边裤口，按净样剪口位置扣烫，并把底摆用三角针固定在裤片反面，如图5-57所示。

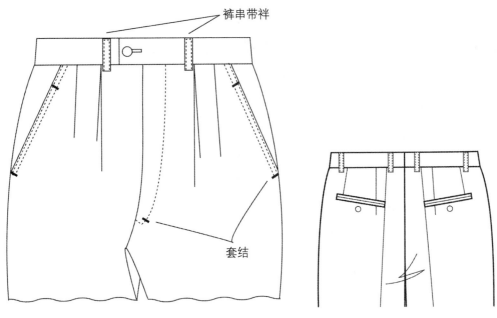

图5-56　装裤袢、打套结

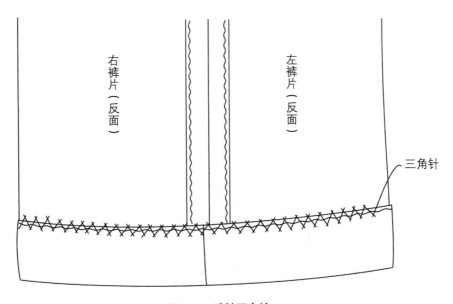

图5-57　手针固定裤口

（8）整烫，完成

清剪线头，清洗污垢；在裤片反面盖烫布，用蒸汽熨斗熨烫侧缝、省；在裤片正面盖烫布，烫裤腰与裤片。熨烫时，熨斗宜直上直下烫，并与纱线方向保持一致，以免裤子变形走样；腰臀部需放在布馒头上熨烫，以保证此处圆顺、服帖。

5.2 裤子款式图例及工艺分析

5.2.1 ➢ 裤子的分类

（1）按裤子长短来分

·　长裤：长度至脚踝骨或鞋面；

·　中长裤：称为九分裤或八分裤，长度至小腿下部，露出脚踝；

·　七分裤：也称为七分裤或六分裤，长度至小腿中部；

·　短裤：长度膝盖至大腿中部；

·　超短裤：超短裤也称热裤，长度至臀沟，腿部几乎完全外露。

（2）按裤子的造型来分

·　筒裤：裤子的基本型，自腰围、臀围至裤摆的线条呈直下状态或下摆稍向内缩，西裤是筒裤的代表；

·　裙裤：也称A型裤，造型像A型轻便型的裙子；

·　锥形裤：也称小脚裤、铅笔裤，裤摆较小；

·　紧身裤：臀围放松量很少，结构较严谨，脚口较窄，材料多为弹性面料；

·　喇叭裤：腰部臀部合体，膝盖以下开始放大，呈喇叭状，轮廓感觉立体；

·　灯笼裤：也称马裤，在腰围线处缩集细碎褶，脚口收紧，造型感觉年轻可爱。

（3）按腰口的高低和连接方式分

·　高腰裤：与连腰裤相似，腰口线高于人体的腰际，但高腰裤的腰头要与裤子连为一体，不需要另装腰头；

·　低腰裤：腰围线较正常腰位低的裤子，一般在臀围线处；

·　无腰裤：指没有腰头的裤子，在裤子的基本型中去除腰头就是一件无腰裤；

·　装腰裤：指腰头和裤片缝合的裤型，常见的裤型都是以装腰裤为主。

（4）其他分类方式

裤子按前腰省、褶设计不同可分为褶裤、无褶裤、省裤、碎褶裤等；按裤口特征可分为平脚裤、卷脚裤和斜脚裤；按合体程度可分为紧身裤、宽松裤和普通裤等。

裤子的造型根据流行的不同而变化多样，如图5-58所示。造型也有H型、X型、O型、A型或V型等多种样式；裤子长短也不分季节随流行而变，但是无论哪种裤型，其

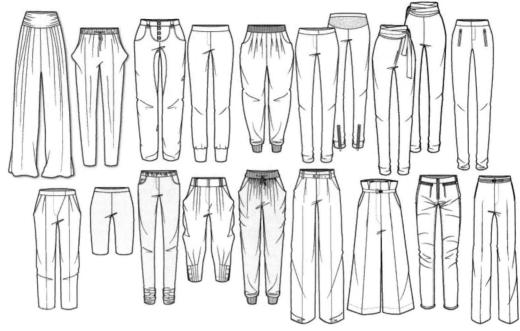

图5-58　各种造型的裤子

缝制工艺基本类似。前文已讲解了基础西裤的工艺，下面讲解一下其他裤子的制作工艺。

5.2.2 ➤ 款式图例与工艺分析

5.2.2.1 铅笔裤

（1）款式介绍

铅笔裤造型如V字形，是一种腰臀部较合体、脚口收紧的裤子。其外形简洁，从腰到脚口的线条流畅，廓形简洁，长度一般到脚踝，可根据流行适当调节裤长的设计变化。

如图5-59所示的这款铅笔裤如打底裤，易选用纬向弹性或四面弹的面料，裤身无省，腿部拼接，前中无拉链；绱腰，钉裤串带袢，腰头钉纽扣装饰；前挖口袋，臀部纬向拼接，贴后口袋。

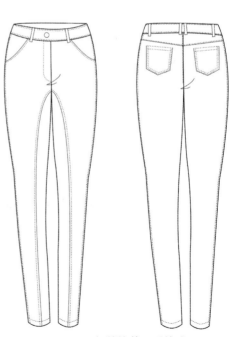

图5-59　铅笔裤前、后款式

（2）裁片分析

前裤片腿部经向拼接左右各2片，口袋垫袋布左右各1片；后裤片臀部纬向拼接左右各2片，贴口袋裁片2片，口袋布1片；腰面裁片1片。

（3）工艺要点

这款小铅笔裤工艺流程与基础西裤的工艺流程相比较简单，无须绱拉链。

不同点：前后片拼接并缉缝明线，后片贴口袋并缉双明线，绱腰。

（4）工艺流程

初学者可以参照图5-60所示缝制过程来完成。

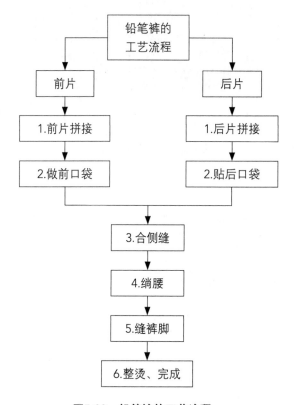

图5-60　铅笔裤的工艺流程

① 前片拼接，如图5-61所示，需前片1与前片2正面相对，缉缝份1cm；然后正面打开熨烫平整，缝份倒向裤腿外侧，拷边后从正面缉明线0.5cm。

② 前口袋的制作和基础西裤斜插袋的工艺方法相同。

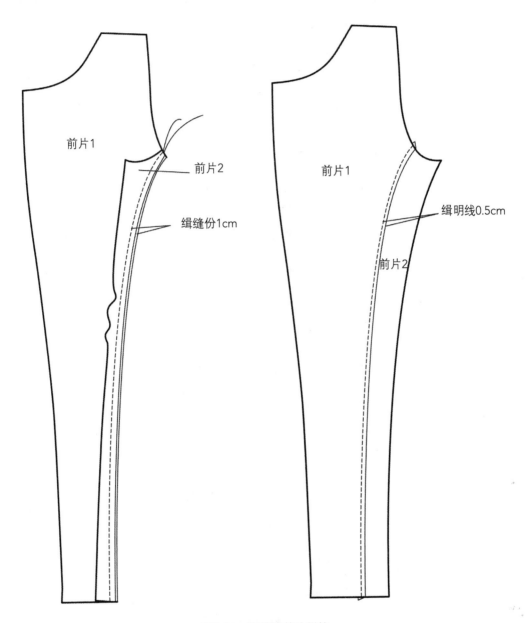

前片1

前片2

缉缝份1cm

前片1

缉明线0.5cm

前片2

图5-61　铅笔裤前片拼接

③ 后片拼接与前片相同；完成后做贴口袋，先把口袋扣烫，如图5-62所示；缉明线固定在裤片上，如图5-63所示。

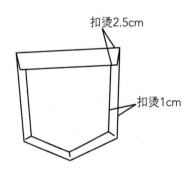

扣烫2.5cm

扣烫1cm

图5-62　扣烫后口袋

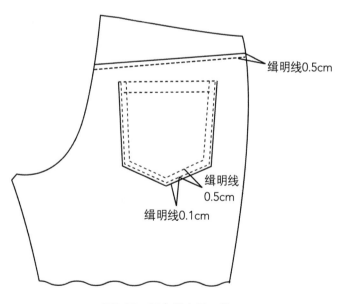

缉明线0.5cm

缉明线
0.5cm

缉明线0.1cm

图5-63　固定缝合后口袋

④ 合裤片时先合外侧缝，前后裤片正面相对绱缝份1cm，如图5-64所示；然后正面打开熨烫平整，缝份倒向后裤片，从正面绱明线0.5cm，如图5-65所示；最后合内侧缝。

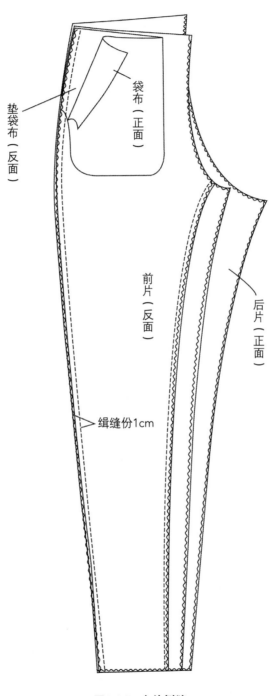

垫袋布（反面）

袋布（正面）

前片（反面）

后片（正面）

绱缝份1cm

图5-64　合外侧缝

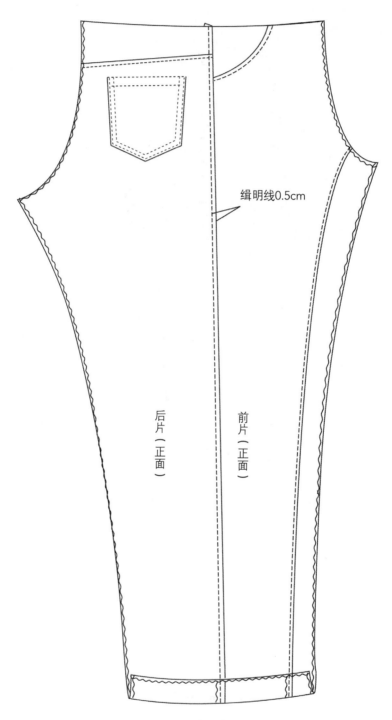

缉明线0.5cm

后片（正面）

前片（正面）

图5-65　外侧缝缉明线

⑤绱腰，与裙子绱腰的工艺方法相同。

⑥裤脚部分卷边缝，向反面卷0.5cm，再卷1.5cm，缉0.1cm明线。

⑦最后修剪线头，整烫，完成。

5.2.2.2 短裤

（1）款式介绍

短裤是裤子按长度分类的一种。短裤不再像以前只用于夏季，短裤在春秋季节、冬季也会普遍出现。如图5-66所示这款短裤的造型如西裤，是一种腰臀部较合体、脚口宽松的裤子。

这款短裤，裤身前片4褶、后片4省，前中拉链；绱腰，钉裤串带袢，腰头钉纽扣；前斜插袋有袋盖，后口袋为双嵌线加口袋盖，脚口翻折边，如图5-66所示。

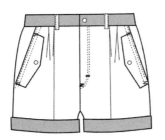

图5-66　短裤款式

（2）裁片分析

前裤片左右各1片，前口袋袋盖裁片左右各2片，前口袋垫布左右各1片；后裤片左右各1片，后口袋裁片2片，后袋盖裁片左右各2片，后口袋垫布左右各2片，口袋布左右各1片；腰面裁片2片。

（3）工艺要点

这款短裤的工艺流程与基础西裤的工艺流程几乎相同。

不同点：前后片装口袋盖，脚口约边并翻折。

（4）工艺流程

①前片缉缝褶，然后正面打开熨烫平整，与基础西裤相同；前斜插袋的制作工艺较基础西裤的斜插袋多一制作袋盖步骤，先将袋盖裁片正面相对，缉缝份1cm，翻开烫平，如图5-67所示。

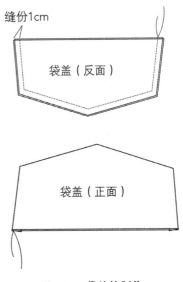

缝份1cm

袋盖（反面）

袋盖（正面）

图5-67　袋盖的制作

② 前口袋的制作与基础西裤斜插袋的工艺方法相同。制作过程中，把袋盖放在裤片和口袋布之间，缉缝份1cm，如图5-68所示，翻开烫平，缉缝0.2cm和0.8cm双明线，如图5-69所示。

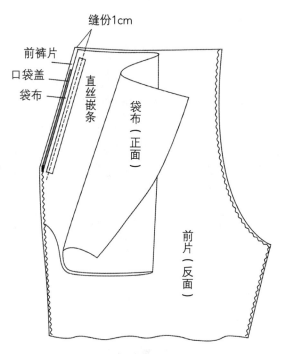

缝份1cm

前裤片

口袋盖

袋布

直丝嵌条

袋布（正面）

前片（反面）

图5-68　缉缝袋盖的斜插袋

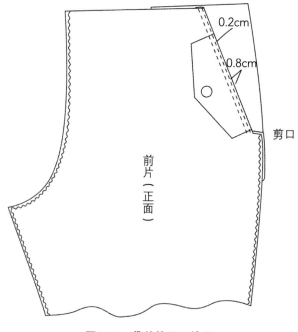

0.2cm

0.8cm

剪口

前片（正面）

图5-69　袋盖的正面效果

③ 后片先缉缝省，找出口袋位置；与基础西裤相同，制作后嵌线口袋。制作过程中，把袋盖放在裤片反面嵌线上缉缝，如图5-70所示；缉缝完成后，平烫口袋，如图5-71所示。

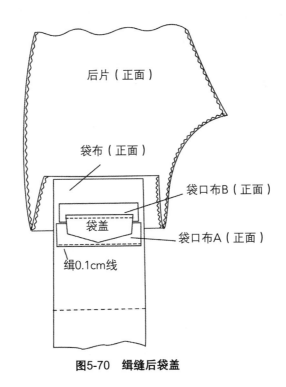

后片（正面）

袋布（正面）

袋口布B（正面）

袋盖

袋口布A（正面）

缉0.1cm线

图5-70　缉缝后袋盖

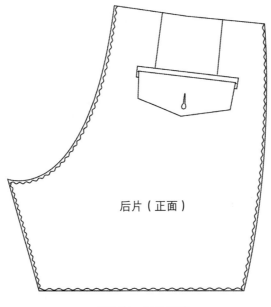

后片（正面）

图5-71　后片完成

④门襟和绱拉链的工艺与基础西裤的门襟和绱拉链工艺相同。

⑤合裤片时先合外侧缝，前后裤片正面相对缉缝份1cm，然后合内侧缝，再次合上裆线。

⑥做裤串带袢、绱腰，与基础男西裤做裤串带袢、绱腰的工艺方法相同。

⑦裤口部分卷边缝，向反面卷0.5cm，再卷5.5cm，如图5-72所示；然后再翻折3.5cm，内侧缝和外侧缝打套结固定，如图5-73所示。

⑧最后修剪线头，整烫，完成。

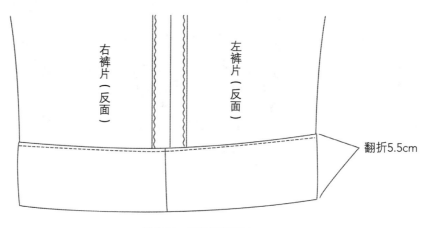

图5-72　反面翻折裤口

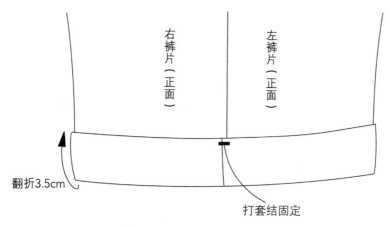

图5-73　正面翻折裤口

5.2.2.3 喇叭裤

（1）款式介绍

喇叭裤造型如X字形，是一种腰部、臀部、膝部都较合体、脚口宽松张开的裤型。其外形像喇叭，从腰到脚口的线条流畅，廓形简洁，长度一般长于正常的裤长，可根据流行适当调节裤长。

喇叭裤多选择牛仔布等硬挺的面料，裤身无省腿部拼接，前片经向拼接，膝部镂空、缉明线装饰，后片臀部纬向拼接；前门襟较低，装拉链；缉腰，钉裤串带袢，后中裤袢交叉固定，腰头钉纽扣；前挖口袋，臀部拼接贴后口袋，如图5-74所示。

（2）裁片分析

前裤片腿部经向拼接左右各2片，口袋垫袋布左右各1片，袋布左右各1片；后裤片臀部纬向拼接左右各2片，后贴口袋裁片左右各1片；腰面裁片1片。

（3）工艺要点

这款喇叭裤的工艺流程比基础西裤的工艺流程较简单，与小铅笔裤的工艺技法基本相似，但需要缉拉链。

不同点：前后片拼接并缉缝明线，后片贴口袋并缉双明线，缉腰；前片手工做镂空装饰，缉缝装饰线。

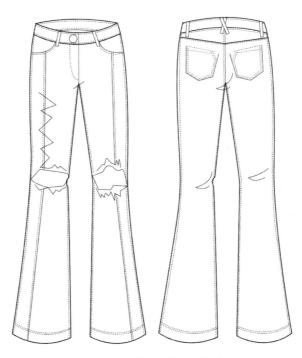

图5-74　喇叭裤前、后款式

（4）工艺流程

初学者可以参照图5-75所示缝制过程来完成。

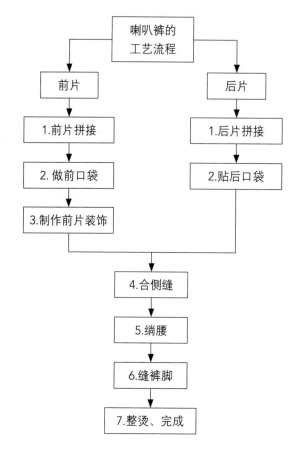

图5-75　喇叭裤的工艺流程

① 前片拼接，和铅笔裤工艺方法相同，前片1与前片2正面相对，缉缝份1cm；然后正面打开，熨烫平整，缝份倒向裤腿外侧，拷边后从正面缉明线0.5cm。

② 前口袋的制作与基础西裤斜插袋的工艺方法相同。

③ 完成前片，缝制装饰线，将膝部镂空，如图5-76所示。

④ 后片拼接与前片拼接工艺相同；完成后做贴口袋，先把口袋扣烫，并缉明线固定在裤片上，如图5-77所示。

⑤ 合裤片时先合外侧缝，前后裤片正面相对缉缝份1cm；然后正面打开，熨烫平整，缝份倒向后裤片，从正面缉明线0.5cm；最后合内侧缝。

⑥ 绱腰，做裤串带袢，串带袢后交叉固定，与裙子绱腰的工艺方法相同，如图5-78所示。

⑦ 裤脚部分卷边缝，向反面卷0.5cm，再卷3cm，缉0.1cm明线和0.5cm明线，如图5-79所示。

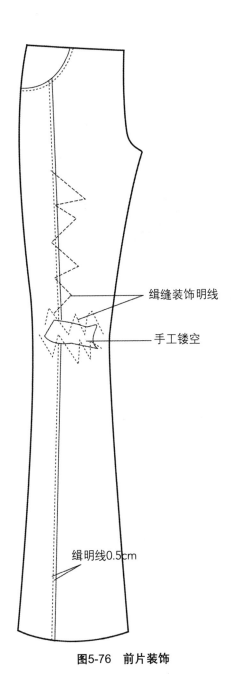

缉缝装饰明线

手工镂空

缉明线0.5cm

图5-76　前片装饰

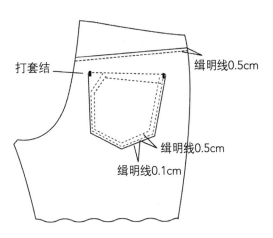

打套结

缉明线0.5cm

缉明线0.5cm

缉明线0.1cm

图5-77　后片

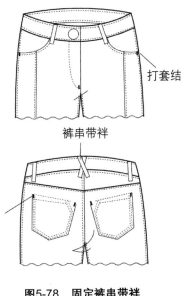

打套结

裤串带袢

图5-78　固定裤串带袢

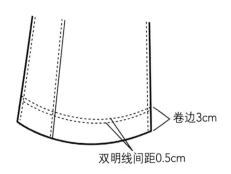

卷边3cm

双明线间距0.5cm

图5-79　缝制裤脚口

99

⑧ 最后修剪线头，整烫，完成。

5.2.2.4 裙裤

（1）款式介绍

裙裤造型如A字形，腰部、臀部都较合体，胯部到脚口自然宽松；腰部较宽有束腰作用，适合休闲、室内运动穿着。其外形简洁，从腰到脚口的线条流畅，廓形简洁，长度一般到脚踝，可根据流行适当调节裤长。

如图5-80所示的这款裙裤使用柔软的弹性面料，裤腰部自然抽褶，裤身简洁无装饰，前后裤片相连，无外侧缝，前中无拉链；腰面较宽，绱弹性收紧腰面，无裤串带襻。

（2）裁片分析

前裤片后裤片由外侧缝相连左右各1片，腰面裁片1片，腰面内弹性束腰1片。

（3）工艺要点

这款裙裤的工艺流程与其他裤相比较为简单，无须绱拉链，无前后口袋，因面料为针织弹性面料，弹性绱腰，最好使用针织绷缝机完成。

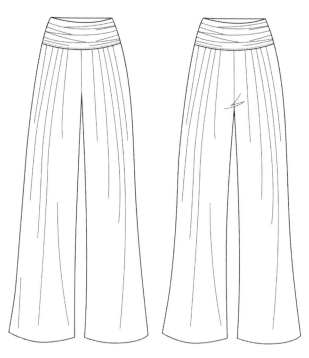

图5-80 裙裤前、后款式

（4）工艺流程

初学者可以参照图5-81所示的缝制过程来完成。

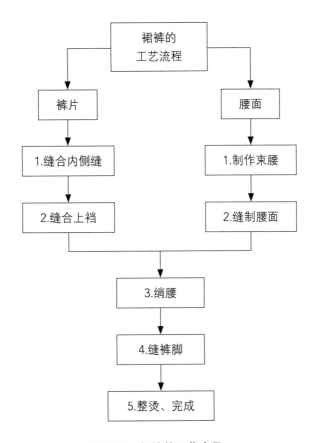

图5-81　裙裤的工艺流程

　　① 缝合内侧缝。把裤片正面相对，前片内侧缝线和后片内侧缝线对齐，绷缝缝份1cm，如图5-82所示。

　　② 缝合上裆。需2个前片正面相对，经过内侧缝线延续到后片，上裆绷缝，缝份1cm，如图5-83所示。

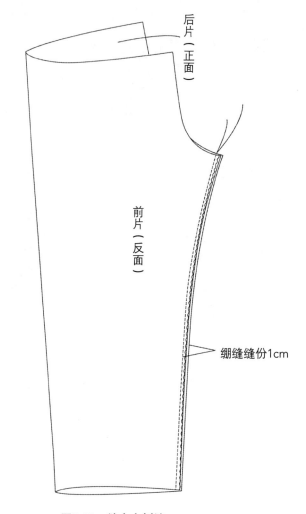

后片（正面）

前片（反面）

绷缝缝份1cm

图5-82　缝合内侧缝

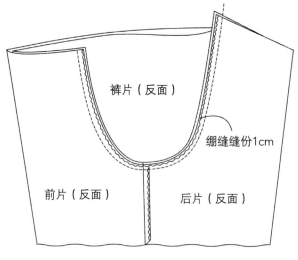

裤片（反面）

绷缝缝份1cm

前片（反面）

后片（反面）

图5-83　缝合上裆

③ 做腰。先把腰面做成筒状，把腰面反面与束腰缝合固定，束腰位于腰面和腰里的中间，如图5-84和图5-85所示。

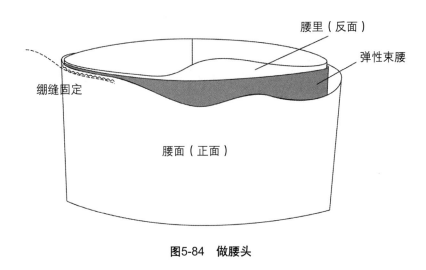

腰里（反面）

弹性束腰

绷缝固定

腰面（正面）

图5-84　做腰头

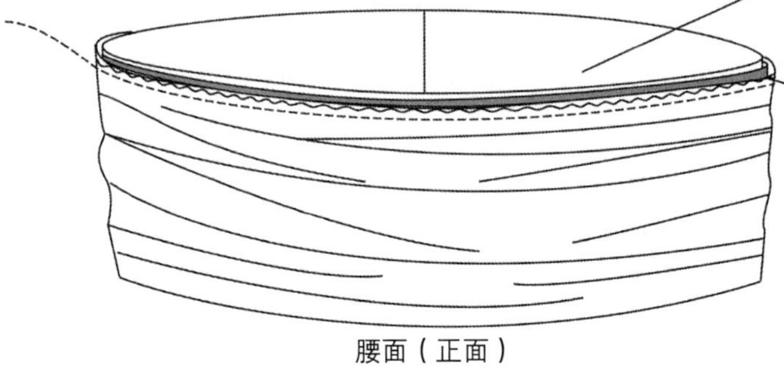

绷缝固定一周

腰里（反面）

弹性束腰

腰面（正面）

图5-85　腰里、腰面与束腰固定

④ 绱腰。裤片腰口抽褶并固定褶，如图5-86所示；与腰面正面相对缝合，缝份1cm，如图5-87所示。

⑤ 最后修剪线头，整烫，完成。

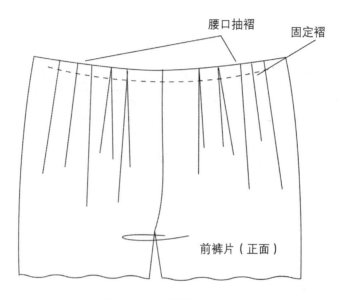

图5-86　腰口抽褶固定

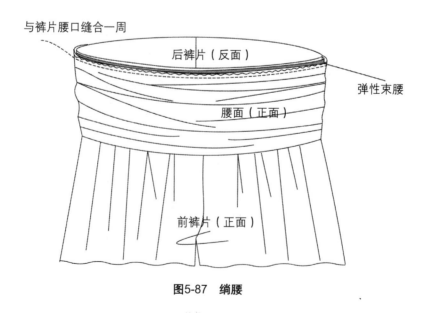

图5-87　绱腰

5.2.2.5 马裤

（1）款式介绍

马裤也称为灯笼裤，造型接近O字形，腰线较高。裤型腰部合体、臀部较宽松、脚口收紧。其外形宽松舒适，裙身褶线较多，长度一般到脚踝。

裤前片左右各2个大号裥，斜插袋；后片左右各2个省，左右各2个单嵌线口袋；前中绱拉链，腰部加宽，腰部钉纽扣，装腰袢，如图5-88所示。

（2）裁片分析

前裤片左右各1片，前口袋垫布左右各1片，袋布左右各1片；后裤片左右各1片，单嵌线口袋裁片左右各3片，口袋布左右各1片；腰面裁片1片，裤串带袢5个。

（3）工艺要点

这款马裤的工艺流程与基础西裤的工艺流程比较相似，腰面较宽，绱腰并加裤串带袢，工艺流程不变；前门襟钉纽扣3颗，前斜插袋袋口线加大，呈装饰性自然悬垂状。

不同点：后片单嵌线口袋。

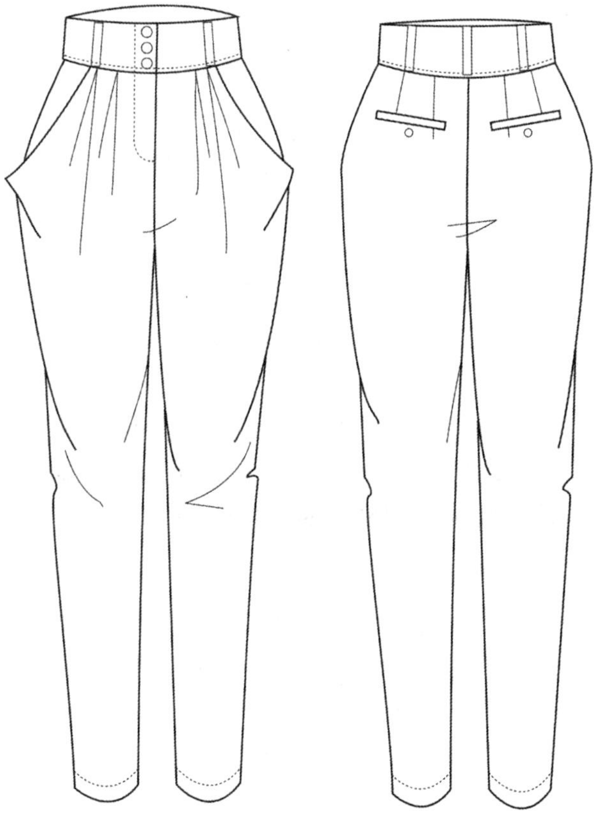

图5-88　马裤前、后款式

（4）工艺流程

马裤的工艺流程如图5-89所示。

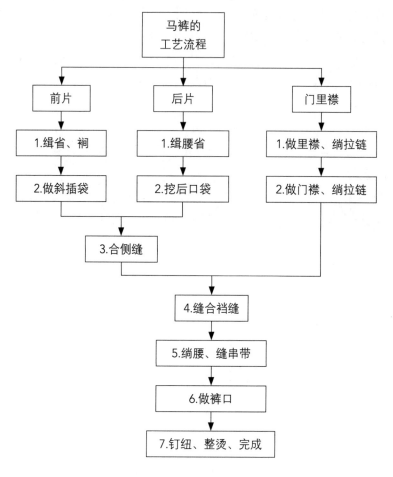

图5-89　马裤的工艺流程

① 前片缉缝裥，然后正面打开，熨烫平整，与基础西裤相同。

② 前口袋的制作与基础西裤斜插袋的工艺方法相同；前斜插袋制作时，因斜插袋袋口线大于裤片，侧缝线缝合即可，如图5-90和图5-91所示。

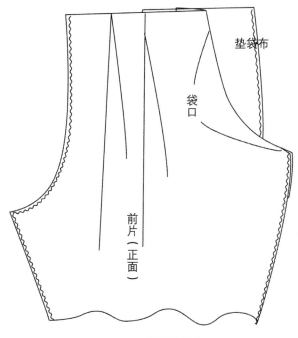

垫袋布

袋口

前片（正面）

图5-90　做前斜插袋

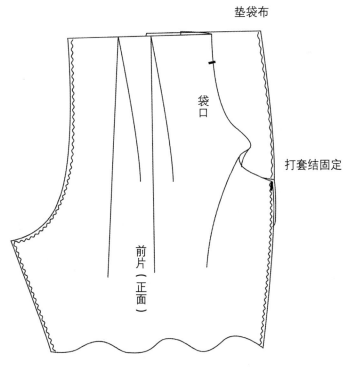

垫袋布

袋口

打套结固定

前片（正面）

图5-91　固定斜插袋

③ 后片先缉缝省，找出口袋位置；与基础西裤基本相同，制作后嵌线口袋，制作过程如图5-92~图5-99所示；缉缝完成后平烫口袋，如图5-100所示。

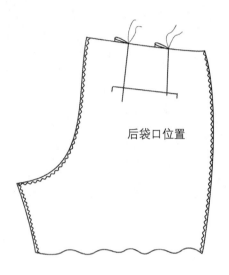

后袋口位置

图5-92　确定后口袋位置

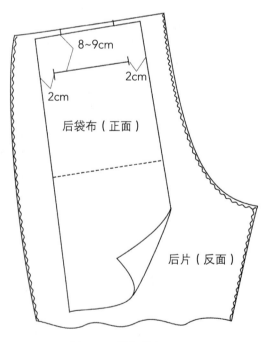

8~9cm

2cm

2cm

后袋布（正面）

后片（反面）

图5-93　固定袋布

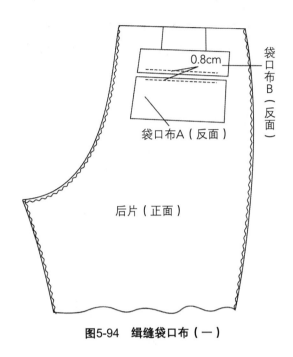

图5-94　缉缝袋口布（一）

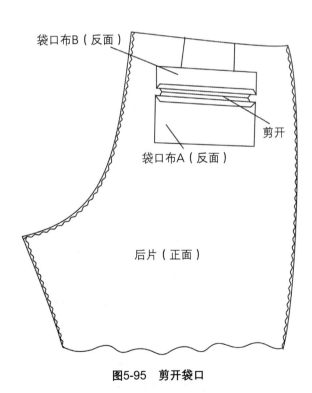

图5-95　剪开袋口

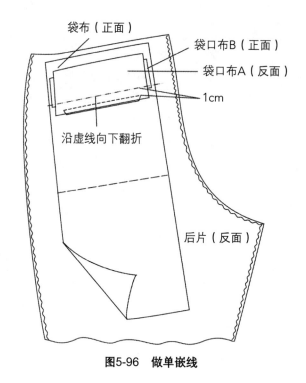

图5-96　做单嵌线

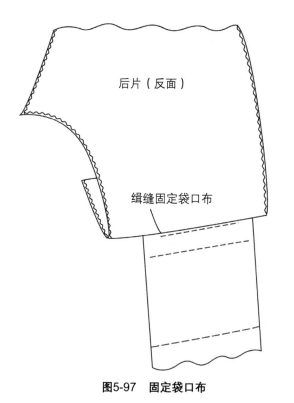

图5-97　固定袋口布

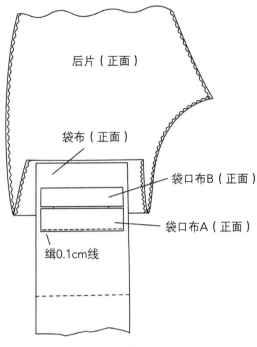

图5-98　**缉缝袋口布（二）**

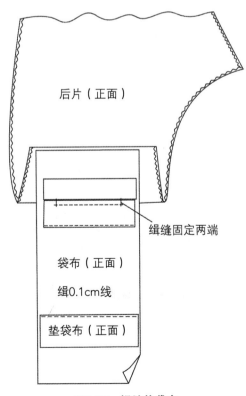

图5-99　**缉缝垫袋布**

④门襟和绱拉链的工艺与基础西裤的门襟和绱拉链工艺相同。

⑤合裤片时先合外侧缝：前后裤片正面相对缉缝份1cm，然后合内侧缝，再次合上裆线。

⑥做裤串带袢、绱腰的工艺与基础男西裤做裤串带袢、绱腰的工艺方法相同。

⑦裤口部分卷边缝，向反面卷0.5cm，再卷2cm，正面熨烫平整，如图5-101所示。

⑧最后修剪线头，整烫，完成。

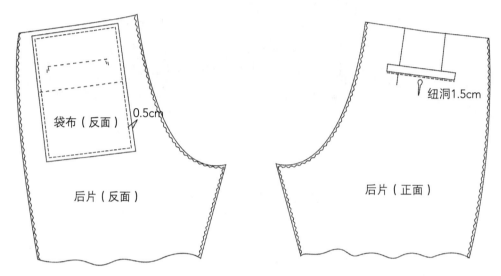

图5-100 后片完成

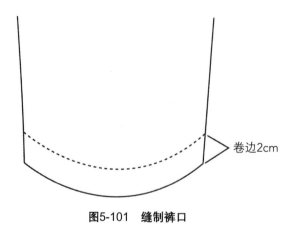

图5-101 缝制裤口

第**6**章
上衣的缝制工艺

上衣（jacket）是从肩（shoulder）到腰围线（waistline）或臀围线（hip line）的单层、夹层、袄等上装的总称。"上衣"一词来源于古时候靠狩猎生活的人们，因为使用有限的兽皮制衣，所以做了上下分开的衣服，故也就从那时开始有了"上衣"和"下装"的说法。

如今上衣作为适合现代生活的具有机能性的服装，更易受流行的影响，款式变化更为多样。从领型上分，有端庄的硬翻领、轻松的开领、简洁明了的无领、优雅脱俗的立领、活泼浪漫的荷叶边领、领子与衣身浑然一体的连领等；从造型上分，也有H型、X型、O型或A型等多种样式；上衣的袖型也有装袖、插肩袖、蝙蝠袖、泡泡袖等。另外，上衣还运用各种各样的装饰加工工艺，如机绣、手绣、贴袖、抽纱、嵌线、缉明裥等，深受人们喜爱。

本章重点以基础女衬衫和基础男衬衫的缝制工艺为例，介绍上衣的缝制工艺；以上衣的不同款式为例，分别讲解重点部件的工艺。

6.1　基础女衬衫的缝制工艺

衬衫是上衣的主要品种之一，可作为内衣搭配穿着，也可以作为外套来使用。衬衫的款式简洁、造型合体，主要分女衬衫、男衬衫两大类。下面以收腰式、平摆的女衬衫为例讲解基础女上衣的制作工艺。

基础女衬衫的款式特征为：小翻领，长袖，袖口自然活褶收口，并装有袖克夫。衬衫造型贴身合体，腰部利用腰省收紧。前衣片共设置2个腰省，2个腋下省；后片2个腰省。衣长适中，门襟为单门襟，平摆，如图6-1所示。

图6-1　女衬衫正、背面款式

6.1.1 ➤ 基础女衬衫的规格及排料图

成衣规格

名称	腰围（W）	肩宽（S）	衣长（$L_{衣}$）	袖长（$L_{袖}$）	袖口
成衣规格	94	38	60	58	23

号/型：160/84A（女）。

单位：cm。

排料图：如图6-2所示。

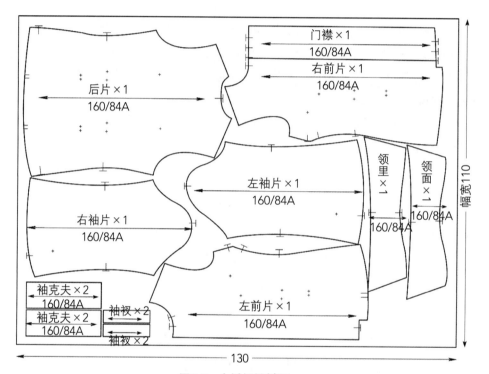

图6-2　女衬衫排料图

6.1.2 ➤ 基础女衬衫的材料准备

（1）面料

基础女衬衫的面料宜选用轻薄、柔软的天然纤维织物、棉织物、纯毛、毛涤混纺、丝织物（香缎、天鹅绒）、毛织物（苏格兰呢、法兰绒、高支纱、有伸缩的毛料）、毛麻、仿毛织物，也可选用轻薄的化纤织物。选择时还应重点考虑与下装的组合效果，在图案、色彩、质地等方面，使上、下装达到统一协调。面料图案常采用素色。

（2）用料量

幅宽110cm，需要布长 = 衣长 + 袖长 + 10cm；

幅宽150cm、144cm，需要布长 = 衣长 + 袖长 + 10cm。

（3）辅料

配色线，无纺衬，直径0.8cm的纽扣8粒。

6.1.3 ➤ 基础女衬衫的工艺流程

初学者可以参照图6-3所示工艺流程完成制作。

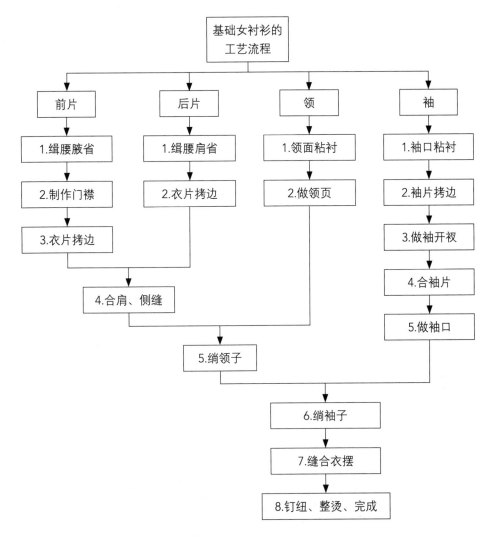

图6-3 基础女衬衫工艺流程

6.1.4 ➤ 基础女衬衫的缝制方法

（1）缝片裁配，粘衬，拷边

衣片前片左右各1片，门襟2片，后片1片；袖片2片，袖克夫2片，袖开衩贴边2片；领底领面各1片。

前后衣片拷边，侧缝线拷边，肩线合肩缝后拷边，领口先不拷；袖片拷边，袖笼先不拷，如图6-4所示；将门襟片反面净缝内侧粘上粘合衬；领裁片、袖克夫裁片粘合衬，如图6-5所示。

（2）前衣片的缝制

1）缉腰省、腋省

·缉省：从一省尖沿省边线缉缝，距另一省尖3cm左右时收小线迹密度，缉至省尖，留出3cm长线头打结。

·烫省：沿省中线折叠衣片，省的方向倒向前中，铺平衣片，熨烫。

·省尖处理：用手把省尖处线头打结后修剪至0.5cm。

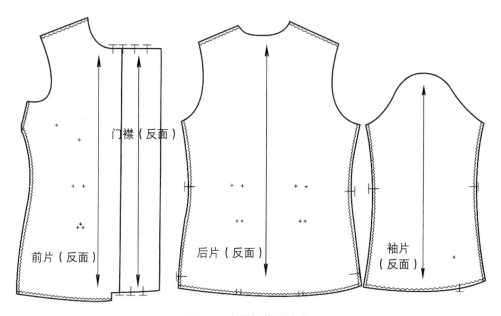

图6-4　女衬衫裁片拷边

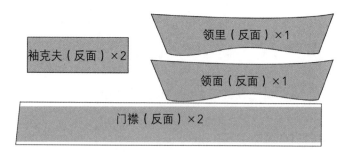

图6-5　女衬衫裁片粘衬

注意：前省份倒向前中熨烫，后省份倒向后中熨烫，要做到正面平服，省尖处无起泡，无坐势。缉省时在要扣处打回针，并保证缉线顺直，如图6-6所示。

2）门襟烫衬、缝合

① 缝合左右片门襟。门襟正面与衣片正面相对，门襟边对齐，搭门线缉缝1cm缝份，然后掀起下部贴边，使下摆上下对齐，从缝合止点起缝按图6-7所示缝到下摆净缝线，然后再按图6-7所示修去多余的缝份；门襟另一边先反面扣折0.5cm，缉缝0.1cm明线，如图6-7所示。

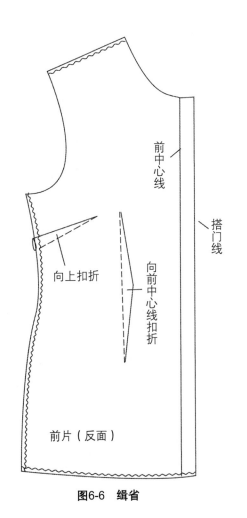

图6-6 缉省

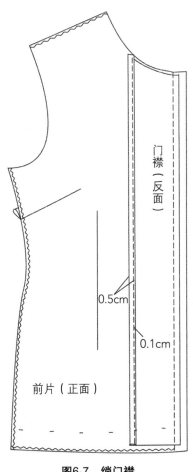

图6-7 绱门襟

② 缉缝右片门襟装饰明线，固定门襟。将门襟正面铺平，烫平，缉门襟明线0.1cm。按照止口线对折，稍加熨烫，如图6-8所示。

③ 缝门襟下摆贴边，之后将多层贴边绷线固定。按门襟止口剪口将底襟向正面折烫，然后沿下摆净缝线缉缝底襟贴边。之后将下摆贴边向反面扣烫，最后翻出正面熨烫，如图6-9所示。

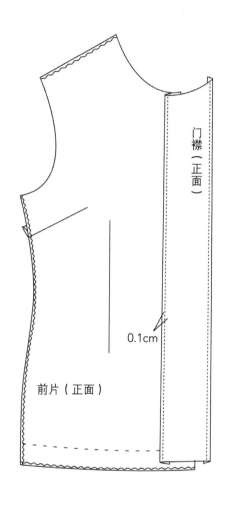

图6-8 缉门襟

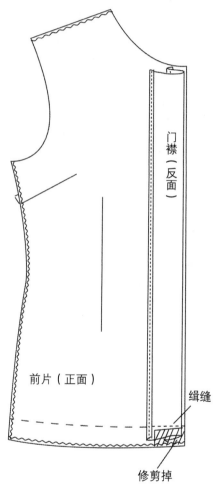

图6-9 门襟下摆

④ 做底襟。将底襟贴边与大身绷缝固定，然后再正面缉底襟明线，如图6-10所示。

（3）后衣片的缝制

1）缉缝腰省

·腰省：从一省尖沿省边线缉缝，距另一省尖3cm左右时缩小线迹密度，缉至省尖留出3cm长线头打结，如图6-11所示。

·烫省：沿省中心线折叠衣片，省的方向倒向前中，折叠衣片，熨烫。

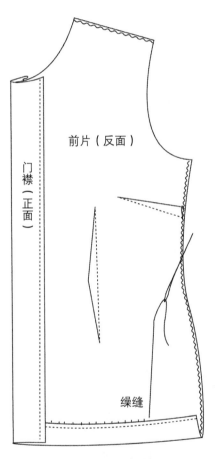

图6-10 做门襟底边

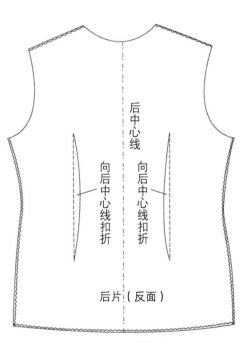

图6-11 后片缉省

2）合肩缝

肩缝：前、后肩缝正面相对，缉缝1cm缝份，起止针打回车；然后前片在上，两层一起锁边；最后将缝份向后片倒烫，如图6-12所示。

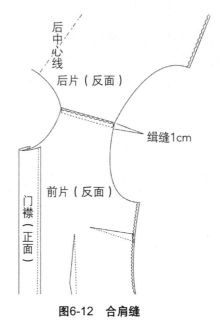

图6-12　合肩缝

（4）做领

1）合领面、领里

①将领面与领里正面相对，领里在上，比领面外口线小0.4cm，如图6-13所示。

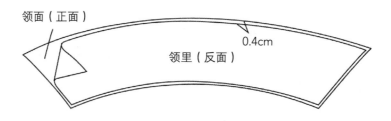

图6-13　合领面、领里

②标记对准，用针固定领里领面，手针绷缝，如图6-14所示。

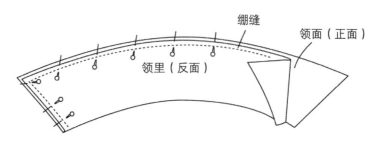

图6-14　固定领里、领面

③ 缉缝领子左右两侧及上口，起止针打回针；缉缝到领角时稍拉紧领里，把领面比领里大出的松量吃进去，之后清剪领角部分，如图6-15所示。

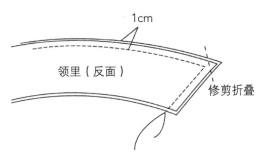

图6-15 缝合领里、领面

2）翻领页

① 把领角向反面折叠，从正面翻出领子。

② 沿缉缝线迹将缝份向领里反面扣烫0.1cm；然后将领里与领面正面翻出，熨烫出窝势，如图6-16所示。

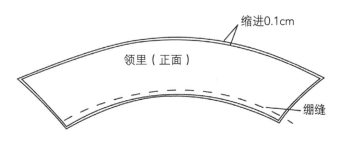

图6-16 翻出正面、烫平

3）绱领子

① 在领圈上标出绱领点、后中点，领子上标出领中点、领侧点；然后将领里的正面与衣片的正面相对，将领下口线与衣片领口线对齐，以及领子两头与绱领点对齐、中点对齐，用大头针固定，如图6-17所示。

② 门襟沿门襟止口向正面扣折，即将门襟压住领面，嵌上斜丝布条，缉缝领口线，如图6-18所示。

③ 将领下口与领圈正面相对，夹于衣身与门襟之间，将缝份处打剪口，便于翻折后平服，如图6-19所示。

④ 修剪缝份，将领子、贴边正面翻出，将斜丝嵌条下口缝份向里扣转，盖过领里缝份，用手针固定，如图6-20所示。

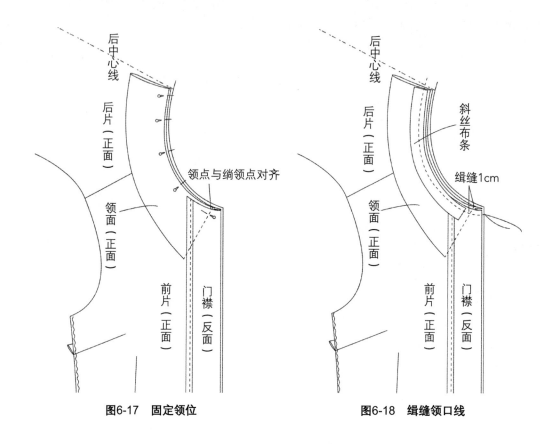

后中心线
后片（正面）
领面（正面）
领点与绱领点对齐
前片（正面）
门襟（反面）

图6-17 固定领位

后中心线
后片（正面）
斜丝布条
缉缝1cm
领面（正面）
前片（正面）
门襟（反面）

图6-18 缉缝领口线

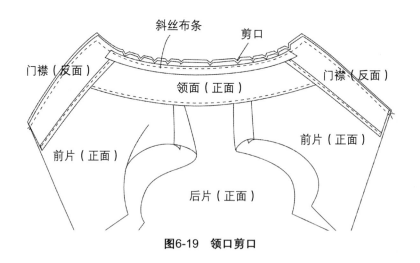

斜丝布条
剪口
门襟（反面）
门襟（反面）
领面（正面）
前片（正面）
前片（正面）
后片（正面）

图6-19 领口剪口

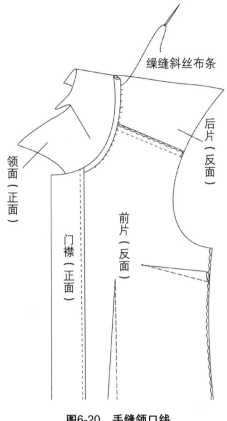

图6-20 手缝领口线

（5）做袖

1）做袖衩

① 按标记剪开袖衩，如图6-21所示，将袖衩条一边向反面折烫0.6cm，如图6-22所示。

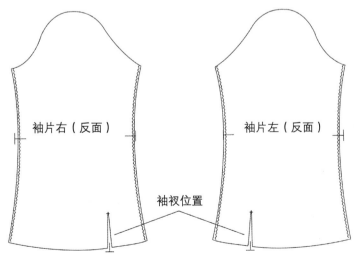

图6-21 确定袖衩位置

② 缉袖衩条：将袖衩条未扣的一边正面与袖片衩口部位反面对齐缉缝，缝份0.6cm，开衩转弯处缝份相应减少，如图6-23所示。

③ 将袖衩翻到正面，在袖子正面将扣光缝份的袖衩条一边盖过第一道缝线，缉明线0.1cm，如图6-24所示。

④ 封袖衩。将袖子沿衩口正面对折，袖口平齐，衩条摆平，在袖衩转弯处向袖衩外口斜向回针缉三四道小三角回针封口，如图6-25所示。

⑤ 合袖片。袖片正面相对，缝合袖片，缝份1cm，分缝烫平；把袖山和袖口缉线，根据实际规格抽褶，如图6-26所示。

2）做袖克夫

① 袖克夫粘衬，再将袖克夫面向反面扣转0.8cm烫平，之后用工艺板在袖克夫面的衬上划净样线，如图6-27所示。

② 将袖克夫面、里正面相对，面在上，沿净缝线缉合。注意：缉缝时袖克夫里要稍拉紧些，以便里外均匀，如图6-28所示。

③ 翻出正面，把袖克夫里的下口缝份塞进面、里之间，使得里比面大0.2cm，烫实、压平，如图6-29所示。

3）缝合侧缝、装袖

① 将前后衣片正面相对，对齐侧缝线，缉缝侧缝缝份1cm，如图6-30所示。

② 将袖筒塞进衣片袖笼，正面相对，袖山高点对齐肩缝点，袖底线对齐侧分线，用大头针固定，如图

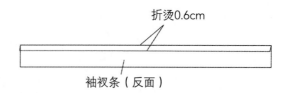

图6-22　折烫袖衩条

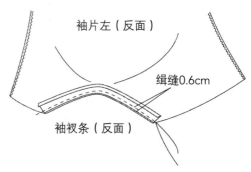

图6-23　做袖衩

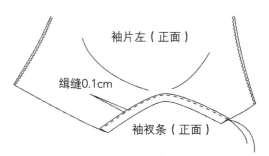

图6-24　完成袖衩条

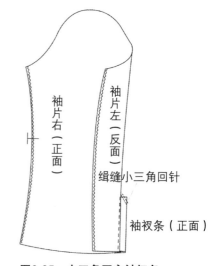

图6-25　小三角固定袖衩条

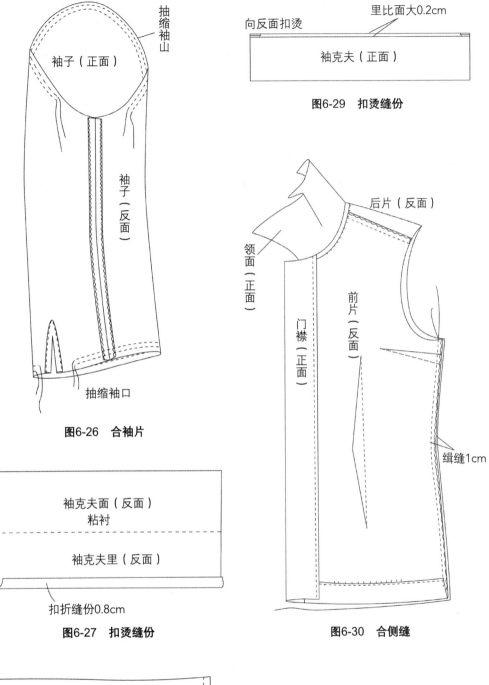

图6-26　合袖片

图6-27　扣烫缝份

图6-29　扣烫缝份

图6-30　合侧缝

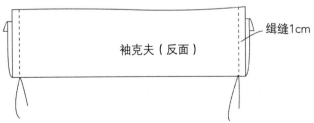

图6-28　缝合袖克夫两端

6-31所示。

③ 缉缝袖笼弧线，袖山高点对齐肩缝点，袖底十字缝对齐，缝份1cm，如图6-32所示；袖山和袖笼存在一定的余量，一般袖山弧线大于袖笼弧线，因此缉缝时，袖片在下，衣片在上，袖山头吃量较多，袖底吃量较少。

④ 将袖笼弧线拷边一周，衣片与袖片合在一起，如图6-33所示。

4）袖口抽细褶、装袖克夫

① 将袖口抽细褶，沿边缉线，缉线不要超过缝头，抽缝后袖口长度与袖克夫长度一致。为便于抽线，可将平缝机上线调松些。

② 将袖子正面与袖克夫正面相对，袖口对齐，两端对齐，缉缝袖口线，缝份1cm，如图6-34所示。注意：大片袖衩向里翻折。

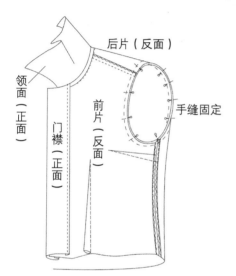

图6-31　固定袖笼弧线

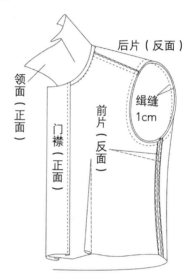

图6-32　缝合袖笼

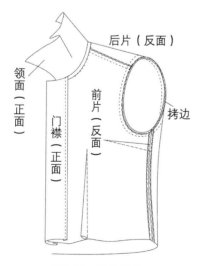

图6-33　袖笼拷边

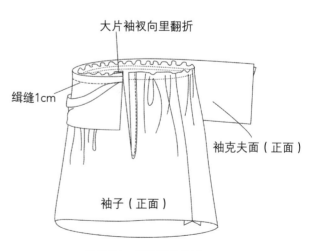

图6-34　抽褶绱袖克夫

③ 将缉缝过抽褶的袖口打开，塞进袖克夫，熨烫平整，用手针固定袖克夫反面，如图6-35所示。

④ 翻出袖头，两边包紧，正面缉0.5cm明线，袖头锁眼钉纽，如图6-36所示。

（6）卷底边

检查调整门、里襟长度是否一致，按照手缝固定的底摆卷边，自门襟侧底边开始，从卷边里侧缉明线1cm，如图6-37所示。

（7）锁眼、钉纽

锁眼：在门襟锁直扣眼五六个，第一个位置为开领向下1.5cm处，其他扣眼的距离根据规格要求确定；门、里襟平齐，钉扣与扣眼位置一致，钉牢，如图6-38所示。

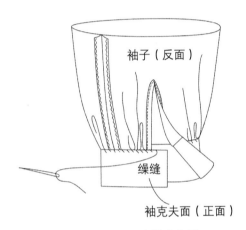

袖子（反面）

缲缝

袖克夫面（正面）

图6-35　固定袖克夫里

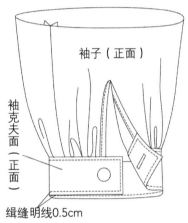

袖子（正面）

袖克夫面（正面）

缉缝明线0.5cm

图6-36　袖克夫缉缝明线

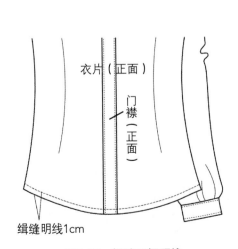

衣片（正面）

门襟（正面）

缉缝明线1cm

图6-37　缉缝下摆明线

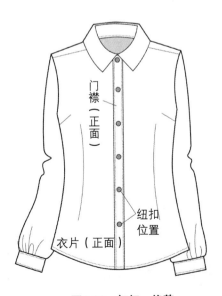

门襟（正面）

纽扣位置

衣片（正面）

图6-38　钉纽、修整

（8）整烫完成

①清剪线头，清洗污渍。

②躲开扣眼与纽扣，烫门、里襟。

③烫平衣袖、袖头、袖底缝。

④烫领子，先烫领里，再烫领面，然后将衣领翻折，烫成圆弧形。

⑤烫摆缝、下摆贴边和后衣片。

⑥扣好纽扣，放平，烫平左右衣片。

6.2 基础男衬衫的缝制工艺

男衬衫是男装上衣的主要品种之一，主要作为西装搭配穿着，也可以作为外衣穿着。男衬衫的款式简洁、造型合体。下面以普通男衬衫为例，讲解基础男衬衫的制作工艺。

基础男衬衫的款式特征：上领下领组合的衬衫领，长袖，后背过肩，袖口裥褶收口，装有袖克夫。衬衫造型贴身合体，前片左胸贴口袋，无省；后片过肩拼接，腰部2个腰省收紧。衣长适中，门襟为单门襟，弧形衣摆，如图6-39所示。

图6-39　男衬衫正、背面款式

6.2.1 ➢ 基础男衬衫的规格及排料图

成衣规格

名称	腰围 （W）	肩宽 （S）	衣长 （$L_衣$）	袖长 （$L_袖$）	袖口围	袖口宽	领围
成衣规格	108	43	74	60	24	6	41

号/型：41号，175/88A（男）。

单位：cm。

排料图：如图6-40所示。

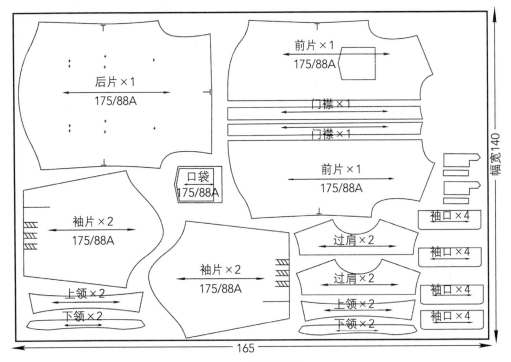

图6-40 男衬衫排料图

6.2.2 ➤ 基础男衬衫的材料准备

（1）面料

基础男衬衫的面料宜选用轻薄、柔软的天然纤维织物。如经过树脂整理，质地轻、薄，手感柔软，透气、吸湿性均好的全棉精梳细纱府绸；穿着端庄高雅、手感滑糯的精毛高级专织衬衫面料；以及仿麻、仿真丝绸的纯涤纶薄织物，是新型高档男衬衫面料，选择时还应重点考虑与下装的组合效果，在图案、色彩、质地等方面，使上、下装达到统一协调。面料图案常采用素色。

（2）用料量

幅宽110cm，需要布长 = 衣长 + 衣长 + 袖长 + 10cm；

幅宽150cm、144cm，需要布长 = 衣长 + 袖长 + 10cm。

（3）辅料

配色线，无纺衬，直径0.8cm的纽扣11粒。

6.2.3 ➤ 基础男衬衫的工艺流程

初学者可以参照图6-41所示工艺流程完成制作。

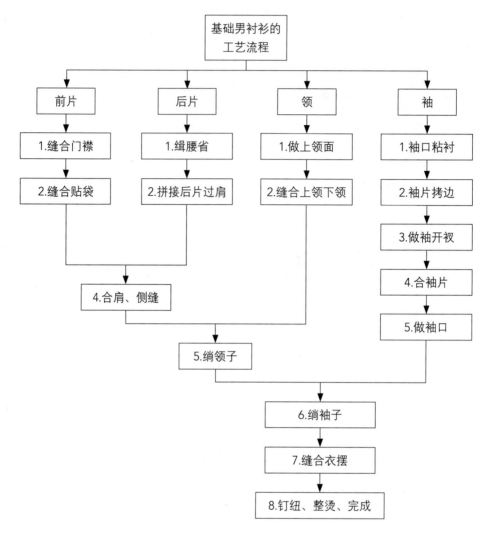

图6-41 基础男衬衫的工艺流程

6.2.4 ➤ 基础男衬衫的缝制方法

（1）缝片裁配，粘衬，拷边

衣片前片左右各1片，门襟2片，后片上下2片；袖片2片，袖克夫4片，袖开衩贴边左右各2片；领底、领面各2片。

将2片门襟裁片反面净缝内侧粘上粘合衬；领裁片上下领各2片、袖克夫裁片粘上粘合衬，如图6-42所示。男衬衫裁片先不拷边，合片后再拷边，如前后侧缝合片后拷边，袖笼和袖山合片后再拷边。

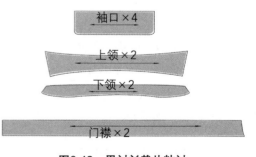

图6-42 男衬衫裁片粘衬

（2）前衣片的缝制

1）门襟与衣片缝合

门襟正面与衣片反面相对，门襟边与衣片门襟对齐搭门线绱缝1cm缝份，门襟另一边先反面扣折1cm，然后把门襟沿绱缝线反转到衣片的正面，熨烫平整之后把门襟缝份绱缝0.1cm明线固定在衣片上，按图示门襟边沿也绱缝0.1cm明线，如图6-43所示。左右衣片门襟的制作方法相同。

2）左前片贴口袋的制作缝合

① 口袋净样扣烫。沿口袋净样线向反面扣烫，四周各1cm；把口袋口部再向下折烫2cm，然后用0.1cm明线绱缝固定袋口，如图6-44所示；袋口中间开好纽洞，以便钉装纽扣。

② 固定贴口袋。在左前衣片上找到口袋的位置，绱缝0.1cm明线固定，在袋口位置用双线固定，如图6-45所示。

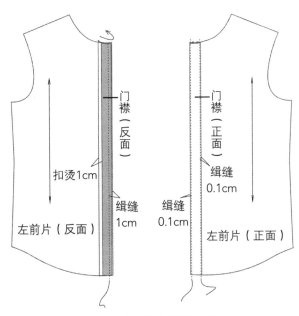

图6-43　男衬衫门襟的制作

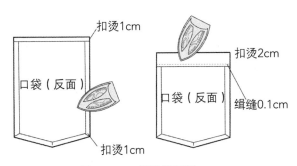

图6-44　口袋净样扣烫

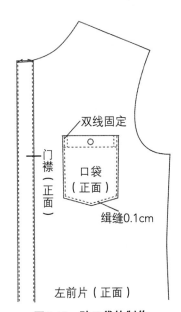

图6-45　贴口袋的制作

（3）后衣片的缝制

1）后片缉缝腰省

① 腰省。从一省尖沿省边线缉缝，距另一省尖3cm左右时收小线迹，缉缝至省尖，两端都留出3cm长线头打结，如图6-46所示。

② 烫省。沿省中线折叠衣片，省的方向倒向后中，熨烫平整即可。

2）后片缉缝过肩

① 过肩。过肩有两层，正面相对把后衣片夹在两过肩中间，与后胸宽线比齐，三层一起缉缝1cm，如图6-47所示。

② 烫过肩。沿缉缝的胸宽线向上翻折过肩，后片正、反面都烫平，在后片正面缉缝0.1cm明线，即完成后片，如图6-48所示。

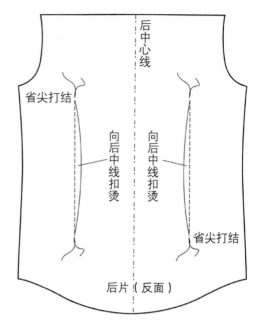

图6-46 后片缉省

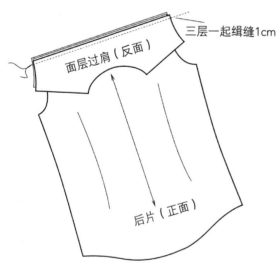

图6-47 缉缝过肩

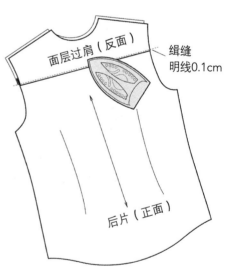

图6-48 制作过肩

3）合肩缝

① 过肩里合缝。前衣片反面和过肩里反面相对1cm缉缝，将缝份向后片压倒熨烫，如图6-49所示。

② 过肩面合缝。将过肩面净缝线折叠烫平，覆盖过衣片和过肩里的合缝线，在过肩正面缉缝0.1cm明线，过肩面和过肩里要平服，如图6-50所示。

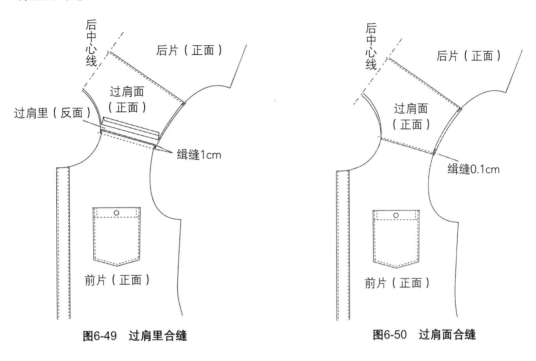

图6-49　过肩里合缝　　　　　　　　图6-50　过肩面合缝

（4）做领

1）制作上领面

制作上领面如图6-51所示。

① 将上领面与上领里正面相对，如同女衬衫领子的制作工艺，领里在上，缉缝领子左右两侧及上口，起止针打回针；缉缝到领角时稍微拉紧领里，把领面比领里的松量吃进去，之后修剪领角部分。

② 把领角向反面折叠，从正面翻出领子，沿缉缝线迹将缝份向领里反面错烫0.1cm；然后将领里与领面正面翻出，熨烫出窝势。

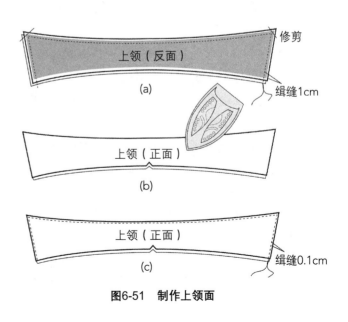

图6-51　制作上领面

③沿领里领面缝合线，缉缝0.1cm明线。

2）缝合上领与下领

缝合上领与下领如图6-52所示。

①标出上领与下领座的中间领中点作为吻合点，将领座下口的缝份折进，缉缝0.7cm明线。

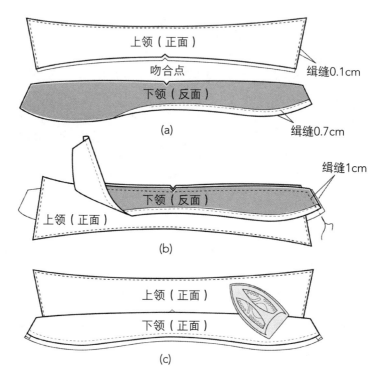

图6-52　缝合上领与下领

②下领座两片正面相对，把上领夹在两片下领中间，对准吻合点，1cm缉缝下领左右两侧及上口，起止针打回针。

③从正面翻出下领，将上领与下领都熨烫平整。

3）制作衬衫领

①绱领。在领子上标出领中点、衣片领圈上标出后中点作为吻合点，然后将下领里的正面与衣片的正面相对，将下领领口线与衣片领口线对齐，后中吻合点对齐，用大头针固定；然后从门襟一端1cm缉缝到另一端，如图6-53所示。

②压缝领口线。缉缝完成后缝份向领面扣折烫平，自然翻下已缝的领座下口的下领面，即将下领面压住门襟和领口线，从门襟一端0.1cm缉缝领口线，如图6-54所示。

③压缝下领上线。领子绱完后，熨烫平整，沿下领左右两端和下领上线缉缝0.1cm明线，即延续门襟和领口线，形成统一的环绕门襟、上领、下领的明线效果，如图6-55所示。

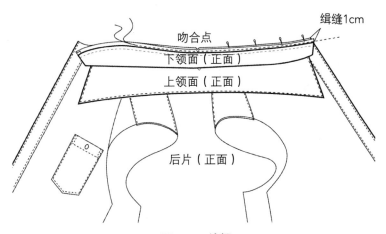

缉缝1cm
吻合点
下领面（正面）
上领面（正面）
后片（正面）

图6-53 绱领

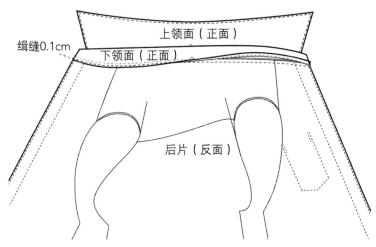

上领面（正面）
缉缝0.1cm
下领面（正面）
后片（反面）

图6-54 压缝领口线

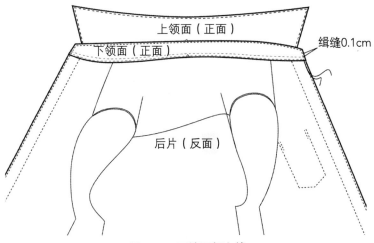

上领面（正面）
下领面（正面）
缉缝0.1cm
后片（反面）

图6-55 压缝下领上线

（5）做袖

1）做袖衩

① 按标记剪开袖衩，将袖开衩剪开到袖衩口，然后将衩口顶端向左右打开0.5cm的小三角，如图6-56所示。

② 做袖衩条。将小袖衩条和大袖衩条分别熨烫，小袖衩里襟的里比面多折烫0.1cm，大袖衩门襟的里比面多折烫0.1cm，如图6-57所示。

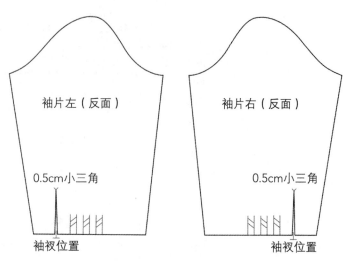

图6-56 剪袖衩

③ 做小袖衩。小袖衩作为袖衩的里襟，把里襟部分与袖开衩的小片缝进0.5cm缉缝，小于里襟里0.1cm的里襟面在上，即与袖片正面比齐0.1cm明线缉缝；缝合完成袖片正面，把小三角和里襟余量缉缝，再回撤固定，如图6-58所示。

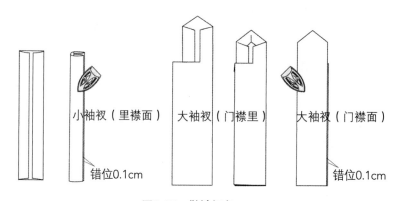

图6-57 做袖衩条

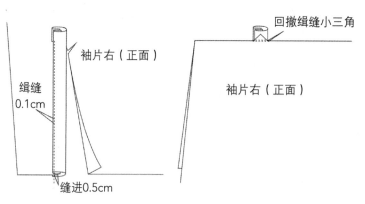

图6-58 做小袖衩

④ 做大袖衩。大袖衩作为袖衩的里襟，把门襟部分与袖开衩的大片缝进0.5cm缉缝，小于门襟里0.1cm的门襟面在上，即与袖片正面比齐0.1明线缉缝；完成后把大袖衩的宝塔平服在袖片正面，0.1cm缉缝一周，如图6-59所示。

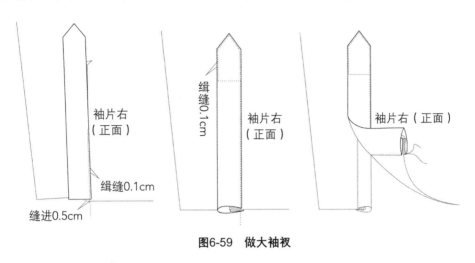

图6-59 做大袖衩

2）装袖

① 袖笼对位。首先分辨出左右袖片，并找出袖片的前后，袖片与相匹配的衣片正面相对，吻合点是袖山高点对齐肩缝点，袖片袖笼弧线与衣片袖笼弧线大于2cm左右，两线对齐，用大头针固定，如图6-60所示。

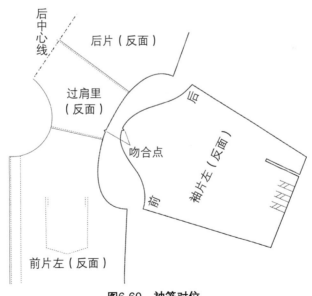

图6-60 袖笼对位

② 合袖笼。将袖片袖笼弧线与衣片袖笼弧线正面对齐，从反面缉缝1cm，吻合点对齐，袖片袖笼弧线在缉缝的过程中吃到衣片袖笼弧线中，吃量的缉缝方法如同基础女衬衫，如图6-61所示；缝合完成后双层一起拷边，如图6-62所示。

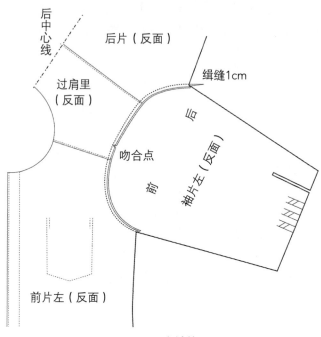

后中心线

后片（反面）

缉缝1cm

过肩里
（反面）

后

袖片左（反面）

吻合点

前

前片左（反面）

图6-61　合袖笼

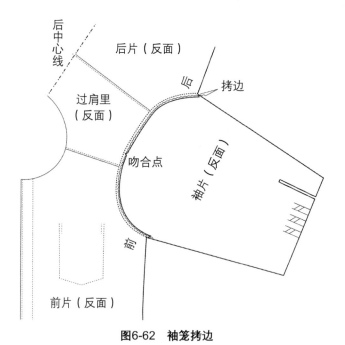

后中心线

后片（反面）

后　拷边

过肩里
（反面）

袖片（反面）

吻合点

前

前片（反面）

图6-62　袖笼拷边

③ 合袖、侧缝线。将袖片、前后衣片正面对齐，袖笼缝份导向衣片，袖笼线与侧缝线十字对齐，从袖口到衣摆1cm绲缝，缝合完成后，双层一起拷边，如图6-63所示。

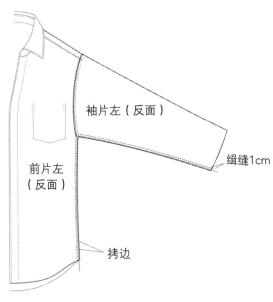

袖片左（反面）

绲缝1cm

前片左
（反面）

拷边

图6-63 合侧缝线

3）做袖口

① 做袖克夫。袖克夫正面相对，袖克夫面口取边向粘衬反面折烫1cm并0.7cm绲缝固定，把袖克夫里口线也向反面折烫，比袖克夫面口线错位大0.1cm，沿净样绲缝1cm；然后把绲缝完成的袖克夫翻到正面熨烫平整，如图6-64所示。

② 袖片活褶。找到三个袖口褶的位置，将褶导向袖衩的方向，在袖口线固定绲缝0.5cm，如图6-65所示。

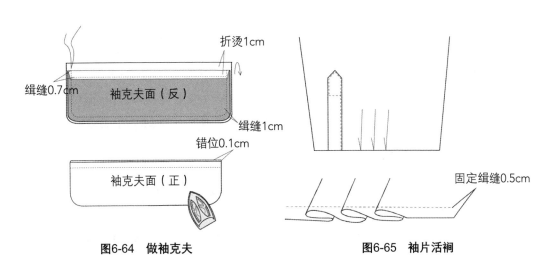

折烫1cm

绲缝0.7cm

袖克夫面（反）

绲缝1cm

错位0.1cm

袖克夫面（正）

固定绲缝0.5cm

图6-64 做袖克夫

图6-65 袖片活褶

③ 缝合袖口线。袖克夫面在上，袖克夫里在下，将袖片的袖口线夹在袖克夫面与里的中间缝进1cm，大袖衩和小袖衩刚好与袖克夫的两端平齐，沿袖克夫面的袖口线缉缝0.1cm，如图6-66所示；袖克夫的其他三面缉缝0.5cm明线，即如图6-67所示，袖口完成。

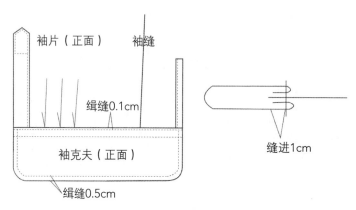

图6-66　缝合袖口线

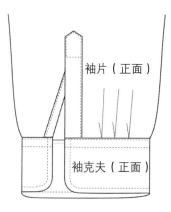

图6-67　袖克夫完成

4）缝合衣摆

调整门、里襟长度一致，两侧缝倒向后片，衣摆底边从衣片正面向反面卷边0.4cm再卷0.6cm，然后熨烫固定卷边，自门襟底边开始卷边缝一直到里襟底边明线缉缝0.1cm，如图6-68所示。

（6）锁眼、钉纽

男衬衫下领门襟处有一粒纽扣，锁眼为横扣眼，接着门襟锁直扣眼5或6个，第一个位置为开领向下5cm处，其他扣眼距离根据规格要求确定；门、里襟平齐，钉扣与扣眼位置一致，钉牢；男衬衫袖口有两粒纽扣，一粒在袖衩上，一粒在袖克夫上；左胸贴口袋还有一粒纽扣，如图6-69所示。

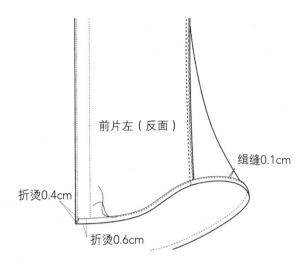

图6-68 缉缝下摆明线

前片左（反面）

缉缝0.1cm

折烫0.4cm

折烫0.6cm

间距
5cm

袖口2粒纽扣

图6-69 钉纽、修整

（7）整烫完成

① 清剪线头，清洗污渍。

② 躲开扣眼与纽扣，烫门、里襟。

③ 烫衣袖、袖口，袖口裥放均匀烫平，再烫袖口缝。

④ 烫领子，先烫领里，再烫领面，然后将衣领翻折，烫成圆弧形。

⑤ 烫摆缝、下摆贴边和后衣片。

⑥ 扣好纽扣，放平，烫平左右衣片。

6.3 上衣款式图例及工艺分析

6.3.1 ➤ 上衣的分类

上衣是穿着于人体上身的常用服装，一般由领、袖、衣身、袋四部分构成，并由此四部分的造型变化形成不同款式，如图6-70所示。

图6-70　各种款式上衣

（1）按功能分

上衣按功能可分为外上衣和内上衣两大类。外上衣一般穿在外面以外套的作用出现，以款式、用途、工艺特点、外来语或人名等命名，常见的有中山装、西装、学生装、军便装、夹克衫、两用衫、猎装、T恤衫、中西式上衣等。内上衣一般指穿在外套里面的服装，如内衣、汗衫、棉毛衫、线衣、毛线衣等。

（2）按造型分

上衣按造型分，主要有H型、X型、O型、V型或A型等。

· H型：肩、腰、臀差距较小，以男装居多。

· X型：腰部收紧，肩部和臀部宽松，以女装为主。

· O型：腰部造型比较宽松，肩和衣摆会收紧，穿着舒适，适用广泛，男装、女装、老人装、童装等均可。

· V型：造型挺括，有强壮的阳刚之气，肩部夸张、挺直，衣摆收紧。

· A型：属于可爱型，肩部合体，腰部臀部宽松，主要以女装、童装为主。

（3）按细节分

因为上衣的组成比较复杂，由领、袖、衣身、袋四部分构成，每个单独的部分都会形成不同的服装类别。如按领子造型，可分为开放式领型上衣和关闭式领型上衣；按袖子长度，可分为长袖、短袖、中长袖；按袖子造型，可分为泡泡袖、平袖、灯笼袖、大小袖、有折裥的袖子；按袖子的结构，可分为一片袖、两片袖、插肩袖、上肩袖等；根据下摆，可分为宽松量较大的和卡克摆的上衣，还可分为开衩和不开衩、平下摆与圆下摆的上衣；根据夹里，可分为单层上衣、夹层上衣、半衬上衣、棉衣、羽绒衣等。

6.3.2 ➤ 款式图例与工艺分析

6.3.2.1 吊带衫

（1）款式介绍

吊带衫造型简单，如图6-71所示，是一种肩部只有肩带，无领、无袖，下摆稍宽松的上衣。其外形简洁，袖笼到下摆的线条流畅，廓形宽松，长度一般较短，可根据流行适当调节衣长的长度。衣身无省，前中抽褶。

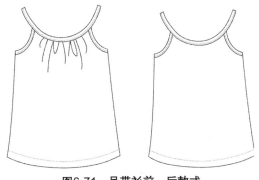

图6-71　吊带衫前、后款式

（2）工艺分析

前后衣片各1片，宽3cm包边条裁片3片。

这款吊带衫工艺流程简单，细节主要是前中抽褶，袖笼和领口处包边。面料选择广泛，梭织、针织都可以，针织面料或柔软面料制作的吊带衫效果较佳。

（3）工艺流程

① 前片领口先缉线抽褶，和袖口抽褶工艺方法相同，抽褶后长度和后领口相同，如图6-72所示。

② 合侧缝线。把前后衣片正面相对，缉缝左右两侧侧缝，缝份1cm，如图6-73所示。

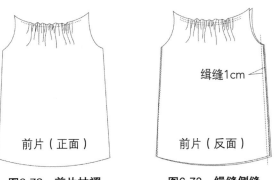

前片（正面）　　　前片（反面）

缉缝1cm

图6-72　前片抽褶　　　图6-73　缉缝侧缝

③ 袖笼包边。先把包边条正面与衣片反面相对，缉缝0.7cm缝份，然后再将包边条翻转到衣片正面，将包边条向里折扣0.7cm，再缉缝明线，缝份0.1cm，如图6-74所示。

④ 领口包边。确定领口包边的位置和长度，先把包边条正面与衣片反面相对，缉缝前后领口，缝份0.7cm，如图6-75所示。

⑤ 将包边条翻转到衣片正面，将包边条向里折扣0.7cm，连接整个包边条，再缉缝明线，缝份0.1cm，如图6-76所示。

⑥ 缝制衣摆，整理完成。

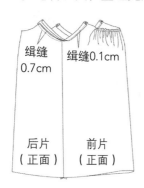

图6-74　袖笼包边

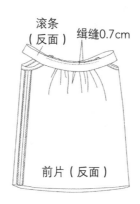

图6-75　领口包边（一）

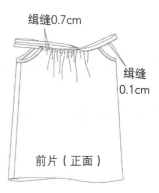

图6-76　领口包边（二）

6.3.2.2 背心上衣

（1）款式介绍

如图6-77所示的这款背心上衣造型可爱，是一种肩、腰、臀部都较合体、衣摆缉缝宽松荷叶边的夏季上衣。其外形简洁大方，从肩到衣摆的线条流畅，廓形简洁。

这款上衣无领、无袖、无口袋；前片左右各一腋下省，无腰省；后片经向拼接，领口开衩用纽扣固定，衣摆拼接荷叶边。

图6-77　背心上衣前、后款式

（2）裁片分析

前衣片1片，后衣片左右2片，贴边前片1片，后片左右各1片；荷叶边1片。

（3）工艺要点

这款背心上衣的工艺流程与基础衬衫的工艺流程相比较为简单，主要工艺细节：领口袖口贴边，衣摆拼接荷叶边。

（4）工艺流程

背心上衣的工艺流程可以参照图6-78所示内容。

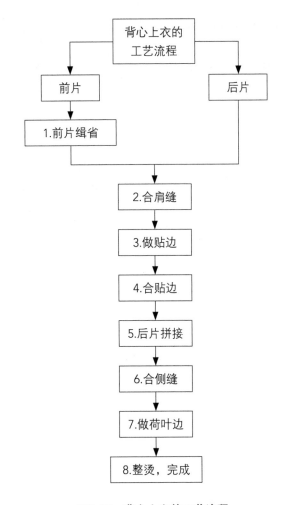

图6-78 背心上衣的工艺流程

① 前片缉省，和普通缉省的工艺方法相同，前后片拷边。

② 合衣片肩缝，合贴边肩缝，贴边拷边，如图6-79所示。

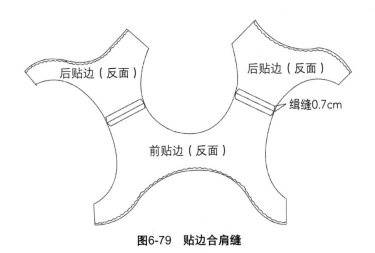

图6-79 贴边合肩缝

③ 合贴边。把衣片正面和贴边正面相对，对齐领口和袖笼，手针先固定，缉缝领口和袖笼，缝份0.7cm，如图6-80所示。

④ 翻出衣片。先把袖笼和领口处打剪口，从肩线夹层内翻出衣片，熨烫平整，如图6-81所示。

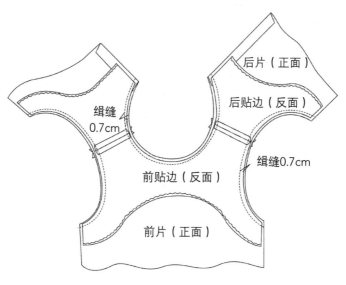

图6-80　缝合衣片、贴边

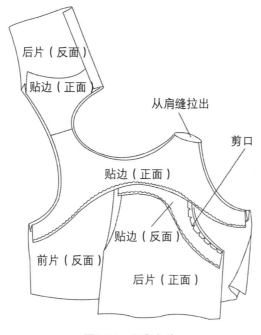

图6-81　翻出衣片

⑤ 合侧缝。从衣摆到贴边缉缝缝份1cm，并把贴边和衣片在腋下固定，如图6-82所示。

⑥ 拼接后片。正面相对缉缝到领口开衩处，缝份1cm，如图6-83所示。

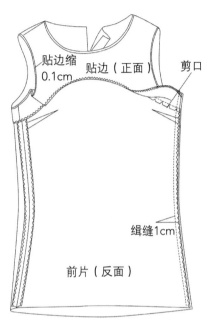

贴边缩0.1cm　贴边（正面）　剪口

缉缝1cm

前片（反面）

图6-82　固定贴边

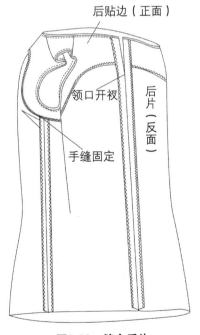

后贴边（正面）

领口开衩

后片（反面）

手缝固定

图6-83　缝合后片

⑦ 拼接荷叶边。先把荷叶边抽褶，抽褶后的长度与衣摆相同，然后正面相对缉缝，缝份1cm，如图6-84所示。

⑧ 最后钉后领纽扣，修剪线头，整烫，完成。

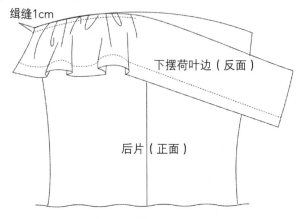

图6-84　缝合下摆荷叶边

6.3.2.3 娃娃衫

（1）款式介绍

如图6-85所示的娃娃衫造型为A字形，肩部合体，腰到衣摆较宽松，肩部绱小袖，装贴肩娃娃领。其外形简洁大方，从肩到衣摆的线条流畅，廓形宽松。

此款上衣前片无省，半门襟，衣片纬向拼接，绱扁领（娃娃领），绱小袖、无口袋；无腰省，后片经向活裥，衣摆A型宽松。

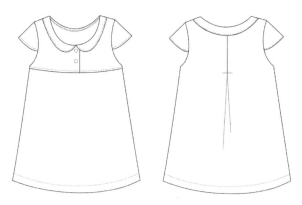

图6-85　娃娃衫前、后款式

（2）裁片分析

前衣片3片，后衣片1片，领里、领面各1片，小袖左右各1片。

（3）工艺要点

这款娃娃衫的工艺流程与基础衬衫的工艺流程相比并不简单，前片半门襟，与衣片拼接，后片先做活裥，绱扁领，绱小袖。

（4）工艺流程

娃娃衫的工艺流程可以参照图6-86所示内容。

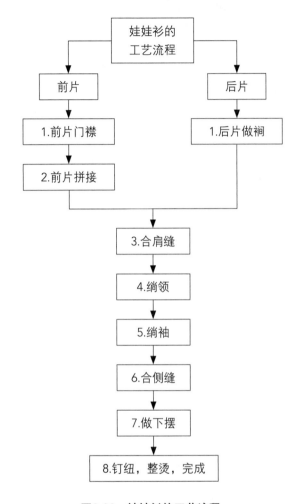

图6-86 娃娃衫的工艺流程

① 做前片门襟。拷边后把门襟沿门襟线向反面扣折，烫倒，如图6-87所示。

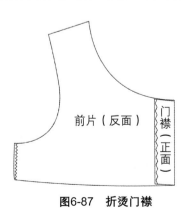

图6-87 折烫门襟

② 做后片裥。后片正面对折，从反面按照标记缝合打回针，烫平裥，从正面明线固定，如图6-88所示。

③ 合肩线。把前衣片正面和后衣片正面相对缉缝，缝份1cm。

④ 做领子。先缝合领子，领子正面相对，缉缝1cm，然后修掉多余缝份，反过来正面烫平，如图6-89所示。

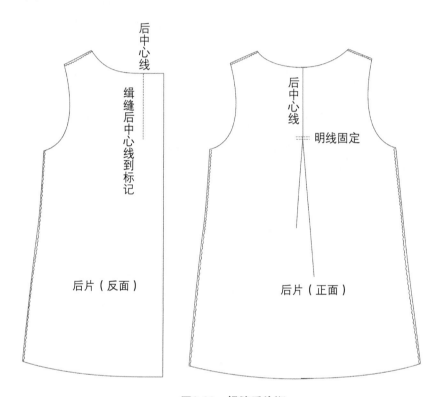

图6-88　缉缝后片裥

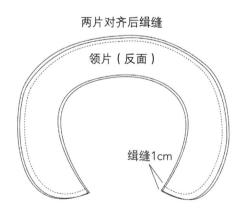

图6-89　缝合领子

⑤ 绱领子。将领里的正面与衣片的正面相对，领口下线与衣片领口线对齐，先用手针固定，如图6-90所示；然后把门襟反向，固定领口斜丝布条缉缝，缝份1cm，如图6-91所示。

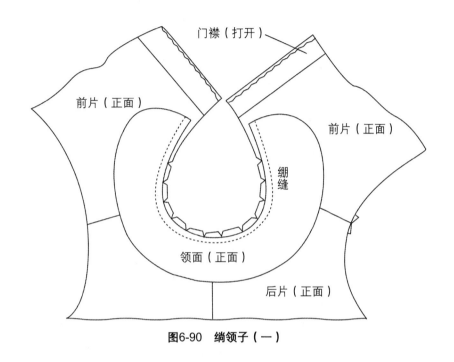

图6-90　绱领子（一）

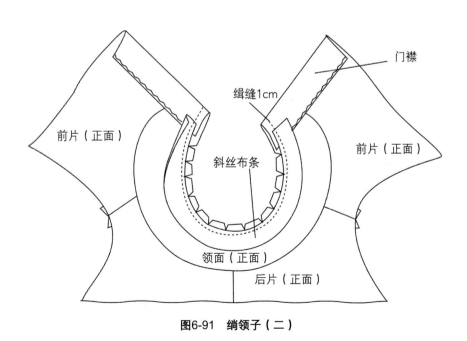

图6-91　绱领子（二）

⑥ 反过门襟贴边。将斜丝布条的缝份折扣，固定斜丝布条，完成领子，如图6-92所示。

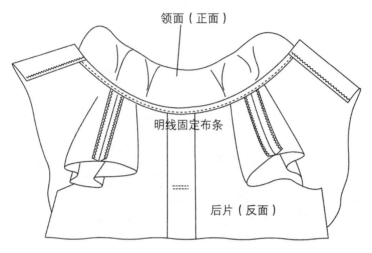

图6-92　完成领子

⑦ 拼接前片。把前门襟按照门襟线叠压并固定，然后和前片下半片缝合，拷边，缝份1cm。

⑧ 合侧缝。把前衣片正面和后衣片正面相对绲缝，缝份1cm。

⑨ 绱袖。先把小袖袖山抽褶，袖口卷边缝合，如图6-93所示；然后袖片和衣片正面相对，对准标记线把小袖大头针固定在衣片上，如图6-94所示。

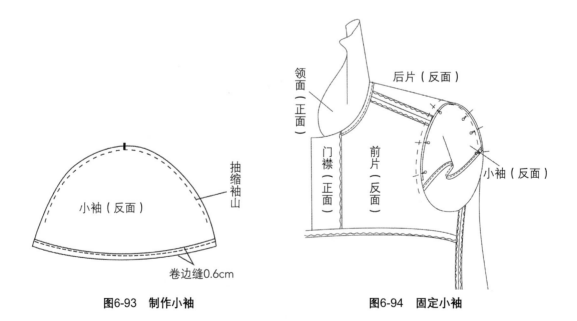

图6-93　制作小袖　　　　　　　图6-94　固定小袖

⑩ 缉缝袖笼并把袖笼拷边，无袖的一片部分翻折到衣片反面，卷边缉缝0.5cm固定，如图6-95所示。

⑪ 缉缝下摆，把衣摆翻折到衣片反面，卷边缉缝1.5cm；缝纽洞，钉纽扣。

⑫ 修剪线头，整烫，完成。

6.3.2.4 短袖衬衫

（1）款式介绍

如图6-96所示的短袖衬衫造型为X型，肩部、腰部、衣摆较合体，绱泡泡短袖，装圆领衬衫领。其外形简洁大方，从肩到衣摆的线条流畅，造型美观。

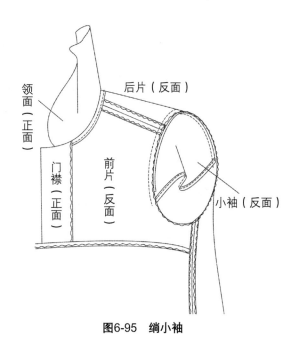

图6-95 绱小袖

此款上衣前片左右各3个装饰腰省，后片4个装饰腰省，肩部过肩拼接，绱圆领衬衫领，绱泡泡短袖，装袖头，无口袋。

（2）裁片分析

前衣片左右各1片，后衣片1片，过肩1片；领里、领面各1片，领底里、领底面各1片；袖左右各1片，袖头左右各1片。

（3）工艺要点

这款短袖衬衫的工艺流程与基础衬衫的工艺流程比较相似，但多数地方比基础衬衫复杂。主要细节：前后片腰省为装饰省，衣领为连领底圆领，袖为泡泡袖并装袖头。

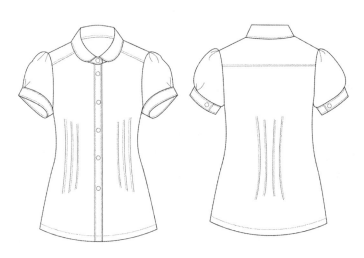

图6-96 短袖衬衫前、后款式

（4）工艺流程

短袖衬衫工艺流程可以参照图6-97所示内容。

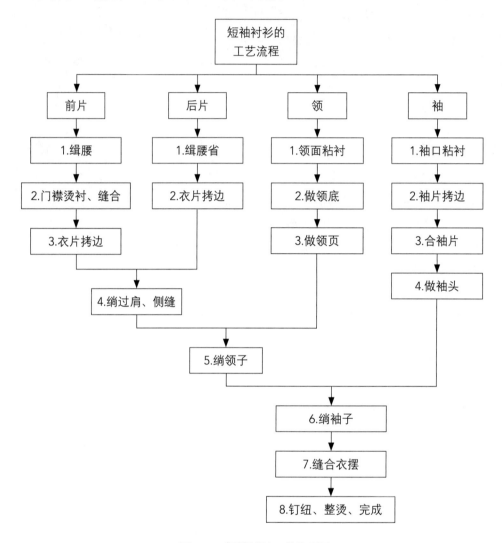

图6-97　短袖衬衫工艺流程图

① 缉缝前片装饰腰省，按照标记线反面缉缝后，从正面明线固定，如图6-98所示。

② 做前片门襟。工艺与基础衬衫的前片门襟相同。

③ 拼接后片。把过肩和后片正面相对，缉缝1cm，从正面缉缝明线0.5cm；做后片装饰省，后片正面对折，缉缝省量，如图6-99所示；烫平省，从正面明线固定，如图6-100所示。

④ 合过肩线。把前衣片正面和过肩正面相对缉缝，缝份1cm。

⑤ 做翻领。把领面、领里粘衬，领里在上、领面在下，正面对齐缉缝，缝份1cm；修剪多余缝份，如图6-101所示。

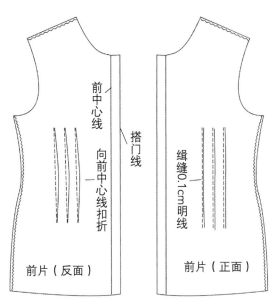

图6-98 前片做装饰省

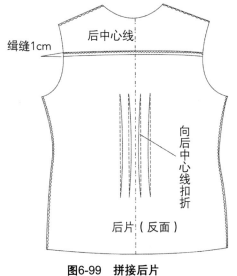

图6-99 拼接后片

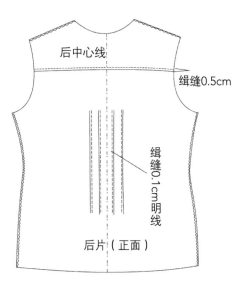

图6-100 做后片装饰省

图6-101 缝合翻领

⑥ 做立领。把领面、领里粘衬，将立领领面下口折扣0.7cm，缉缝0.5cm，如图6-102所示；立领正面相对，把翻领夹在中间，缉缝立领上线，完成后翻过来正面烫平，如图6-103所示。

⑦ 缩领。将立领里的正面与衣片的反面相对，对齐后缉缝0.7cm，如图6-104所示；再将立领面与衣片正面缝合，缉缝0.1cm明线，如图6-105所示。

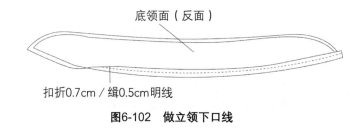

图6-102　做立领下口线

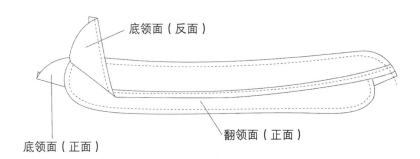

图6-103　缝合底领和翻领

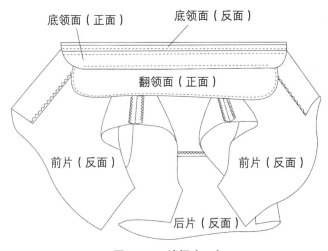

图6-104　缩领（一）

⑧ 合侧缝。把前衣片正面和后衣片正面相对缉缝，缝份1cm。

⑨ 做袖。袖头粘衬，缝合修剪袖头，如图6-106所示；先把袖片缝合，袖山泡泡抽褶，袖口抽褶，如图6-107所示。

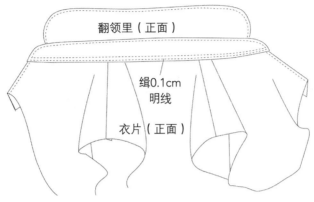

图6-105　绱领（二）

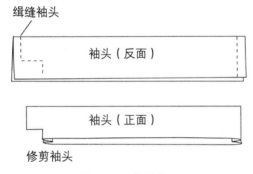

图6-106　做袖头

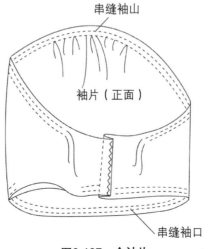

图6-107　合袖片

⑩ 短袖绱袖头。抽褶后，袖片正面与袖头正面相对缉缝，如图6-108所示；拷边后翻倒袖片反面，如图6-109所示；明线缉缝，如图6-110所示。

⑪ 绱袖。对准标记点，把袖片和衣片缝合，如图6-111所示。

⑫ 缉缝下摆，把衣摆翻折到衣片反面，卷边缉缝2cm；缝纽洞，钉纽扣，如图6-112所示。

⑬ 修剪线头，整烫，完成。

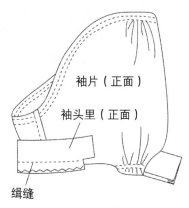

图6-108　绱袖头

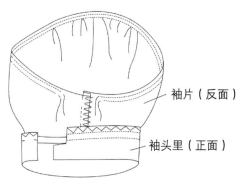

图6-109　绱袖头缉明线

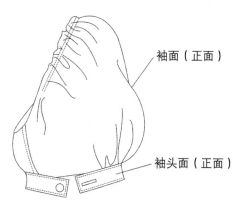

图6-110　完成短袖

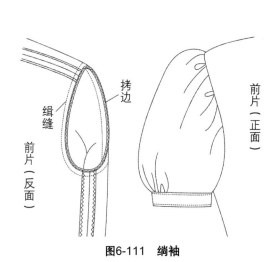

图6-111　绱袖

图6-112　短袖衬衫完成

6.3.2.5 立领衬衫

（1）款式介绍

如图6-113所示的这款立领衬衫造型简洁、线型流畅，是一种肩、腰、臀部都较合体的上衣。其领部小立领，外形收腰，泡泡袖，领口前胸有荷叶边装饰。

这款上衣前片左右各1腰省，后片中缝拼接，左右各1腰省；颈部装小立领，领口荷叶边，贴门襟装荷叶边，钉6粒纽扣；绱泡泡袖，袖口抽褶，袖头固定。

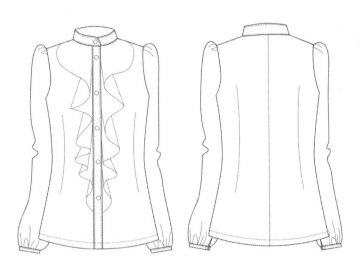

图6-113　立领衬衫前、后款式

（2）裁片分析

前衣片左右各1片，后衣片左右各1片，袖片左右各1片，袖克夫左右各1片，立领领里、领面各1片。

（3）工艺要点

这款立领衬衫的工艺流程与基础衬衫的工艺流程比较相似。主要工艺细节：前后片左右各做1个腰省，装小立领，领口门襟装荷叶边，泡泡袖，袖口抽褶，装袖头。

（4）工艺流程

立领衬衫工艺流程可以参照图6-114所示内容。

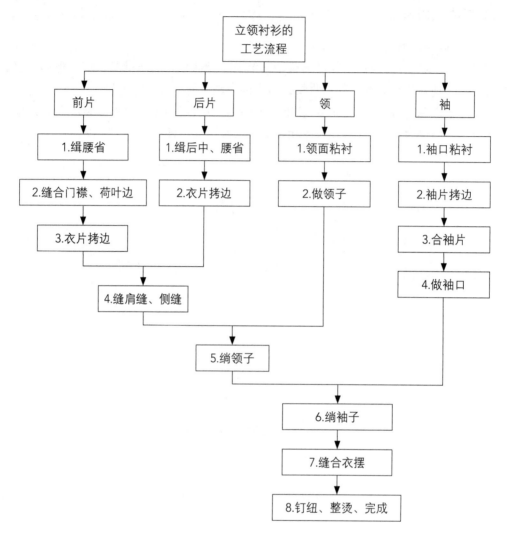

图6-114 立领衬衫的工艺流程

① 前片缉省。和普通缉省的工艺方法相同，前后片拷边。

② 做门襟。先把荷叶边按照标记固定在衣片上，衣片正面与荷叶边反面相对，如图6-115所示；按照基础衬衫制作门襟的方法完成立领衬衫门襟的制作。

③ 合后衣片中缝。后衣片正面相对缉缝，缝份1cm缉后衣片省，拷边。

④ 合肩缝。把前后一片肩缝缝合，缝份1cm。

⑤ 缝合小立领。把领面、领里粘衬，领里在上、领面在下，正面对齐缉缝，缝份0.8cm；修剪多余缝份，如图6-116所示。

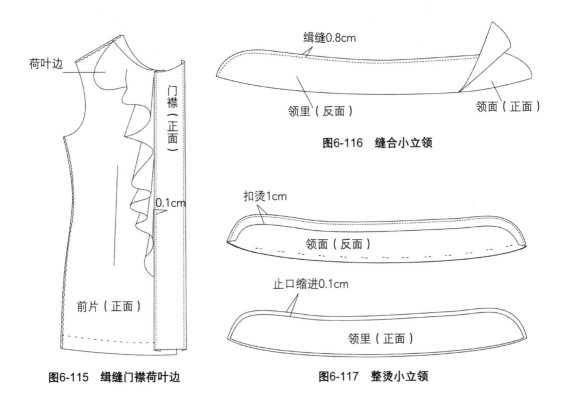

荷叶边

门襟（正面）

0.1cm

前片（正面）

图6-115 缉缝门襟荷叶边

缉缝0.8cm

领里（反面）

领面（正面）

图6-116 缝合小立领

扣烫1cm

领面（反面）

止口缩进0.1cm

领里（正面）

图6-117 整烫小立领

⑥ 扣烫领面。将领子翻过来，整烫领子正面，使领里缩进0.1cm，如图6-117所示。

⑦ 绱领子。将领面正面和衣片正面相对，前片荷叶边夹在领面和衣片中间，对齐领口线、荷叶边线、领下口线，三层面料缉缝，缝份1cm，如图6-118所示；然后将领子翻向正面，领面折扣后与后衣片明线0.1cm缉缝，如图6-119所示。

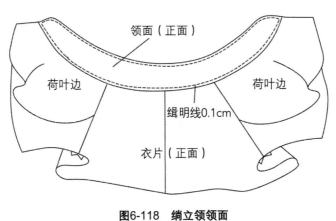

领面（正面）

荷叶边

荷叶边

缉明线0.1cm

衣片（正面）

图6-118 绱立领领面

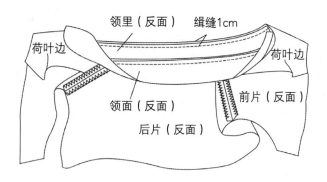

图6-119 绱立领领里

⑧ 合侧缝。把前衣片正面和后衣片正面相对缉缝，缝份1cm。

⑨ 做袖子。先把袖山和袖口缉缝抽褶，合袖片，如图6-120所示；做好袖头，如图6-121所示。

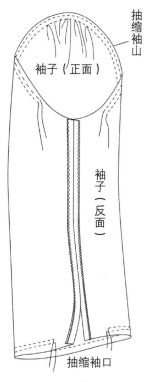

图6-120 做袖子

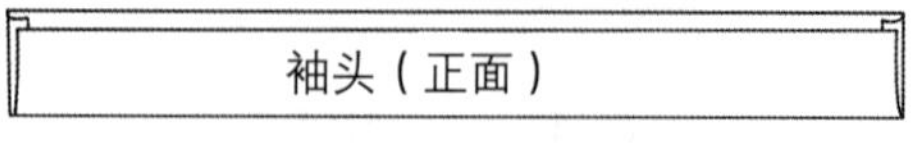

袖头（正面）

图6-121 做袖头

⑩ 将袖子正面与袖头正面相对，袖口对齐，两端对齐，缉缝袖口线，缝份1cm，如图6-122所示。

⑪ 将缉缝过抽褶的袖口打开，塞进袖头，稍微烫平整，缉缝固定袖头反面，如图6-123所示；在袖头正面缉缝明线，完成袖子，如图6-124所示。

⑫ 绱袖子，与基础衬衫绱袖子方法相同。

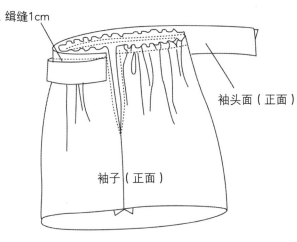

图6-122　绱袖头（一）

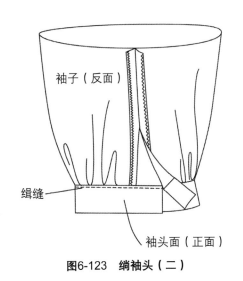

图6-123　绱袖头（二）

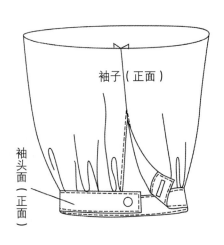

图6-124　绱袖头完成

163

⑬ 缉缝下摆。把衣摆翻折到衣片反面，卷边缉缝1.5cm；缝纽洞，钉纽扣，如图6-125所示。

⑭ 修剪线头，整烫，完成。

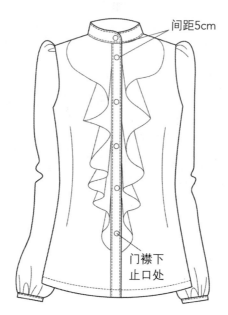

图6-125　立领衬衫完成

第7章
长款上衣的缝制工艺

上衣按长度划分可分为：正常款，衣长50~70cm；中长款，衣长70~90cm；长款，衣长90~130cm。根据个人的身高来看：一般腰部以上或齐腰的位置属于短款，到臀部上下为正常款，臀部以下、膝盖以上15cm属中款，膝盖或膝盖以下就是长款，若是到脚踝，那就是超长款了。

中长款上衣的款式丰富、造型多样，最常见的款式有连衣裙、风衣、大衣等。本章重点以基础连衣裙为例，介绍长款上衣的缝制工艺；以连衣裙、风衣的不同款式为例，分别讲解具有代表性的中长款上衣缝制工艺。

7.1 连衣裙的缝制工艺

连衣裙是服装中一个品类的名称，指上衣和裙子连成一体式的连身结构服装，是女性喜欢的首选款式之一。连衣裙在女装服饰中应用非常广泛，覆盖了一年四季的服装大类，它是女装款式中最变化莫测、种类最多、最受青睐的服装款式。

连衣裙是女性服装的主要品种，可作为外衣来使用，也可以作为内衣搭配穿着。连衣裙的款式丰富、造型多样，有多变的廓形造型和结构细节，配上丰富的面料质感，形成样式纷呈的连衣裙款式。本书主要介绍连腰节式连衣裙和断腰节式连衣裙两大类。下面以连腰节式连衣裙为例，讲解基础连衣裙的制作工艺。

连腰节式基础连衣裙（如图7-1所示）的款式特征为：小翻领，灯笼长袖，袖口自然活褶收口，并装有宽边袖克夫。裙身造型贴身合体，腰部利用公主线收紧，衣摆自然扩大呈A型。裙长过膝，前衣片共3片，左右两个公主线拼接；后片共4片，左右两个公主线拼接，后中装拉链。

图7-1　连腰节式连衣裙正、背面款式

7.1.1 ➢ 基础连衣裙的规格及排料图

成衣规格

名称	胸围（W）	肩宽（S）	裙长（$L_裙$）	袖长（$L_袖$）	袖口
成衣规格	96	38	88	50	20

号/型：160/84A（女）。

单位：cm。

排料图：如图7-2和图7-3所示。

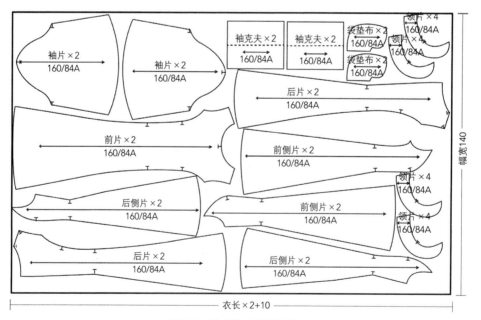

图7-2　基础连衣裙排料图

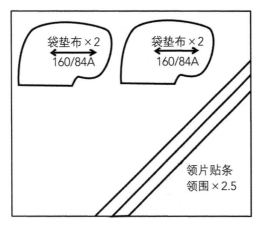

图7-3　基础连衣裙里料图

7.1.2 ➤ 基础连衣裙的材料准备

（1）面料

连衣裙的面料宜选用柔软的纤维织物，如棉织物、纯毛、毛涤混纺、丝织物（香缎、天鹅绒）、毛织物、毛麻、仿毛，也可选用化纤织物。选择时还应重点考虑组合穿搭效果，在图案、色彩、质地等方面，使搭配达到统一协调。面料图案常采用素色、花色。

（2）用料量

幅宽110cm，需要布长 = 裙长×2 + 袖长 + 10cm；

幅宽150cm、144cm，需要布长 = 裙长×2 + 10cm。

（3）辅料

口袋里料，配色线，无纺衬，长拉链1条，0.8cm钉珠纽扣16个。

7.1.3 ➤ 基础连衣裙的工艺流程

初学者可以参照图7-4所示工艺流程完成制作。

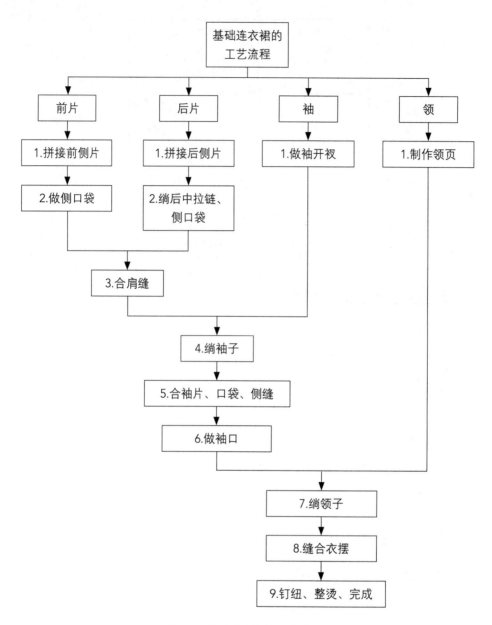

图7-4 基础连衣裙的工艺流程

7.1.4 ➤ 基础连衣裙的缝制方法

（1）缝片裁配，拷边

裙片前片左右公主线共3片，无门襟，后片左右公主线共4片，后中拉链；袖片2片，袖克夫2片；领底、领面各2片；口袋垫布面料2片、里料2片。

前后裙片拷边，侧缝线处拷边，肩线拷边，领口不拷；袖片拷边，袖笼合完袖片再拷，口袋合完拷边，如图7-5所示。领面裁片、袖克夫裁片粘衬，如图7-6所示。

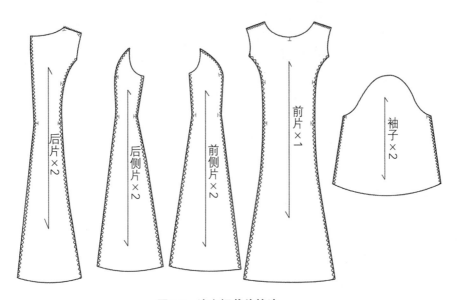

图7-5 连衣裙裁片拷边

图7-6 连衣裙裁片粘衬

（2）前裙片的缝制

1）拼接公主线

把裙片的前片和前侧片标记点对齐，面料正反面一致，正面相对，沿公主线1cm缉缝，完成左右公主线的缉缝。

烫拼接缝：从裙片的反面沿公主线把合片缝份劈开，熨烫平整，保证公主线缉线顺直，如图7-7所示。

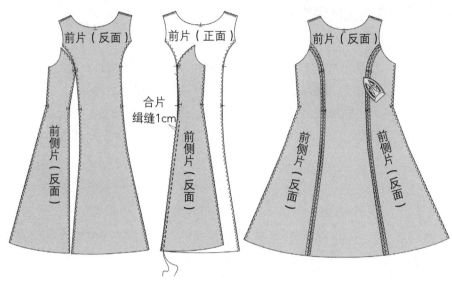

图7-7　连衣裙前片制作

2）制作侧口袋（前片）

把袋垫布的里料袋口拷边，1cm固定缉缝在侧缝线口袋位，如图7-8所示。

（3）后裙片的缝制

1）拼接后裙片

①拼接公主线。把裙片的后片和后侧片标记点对齐，面料正反面一致，正面相对，沿公主线1cm缉缝，左右公主线缉缝相同；之后把缉缝完成的左右后裙片正面相对，沿后中线从裙摆1cm缉缝到拉链的标记点。

②烫拼接缝。从裙片的反面沿公主线把合片缝份劈开，熨烫平整，保证公主线缉线顺直；把后中线缝份劈开，从裙摆一直熨烫到领口，如图7-9所示。

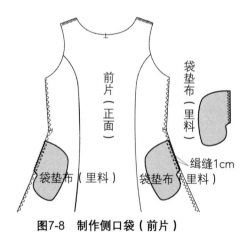

图7-8　制作侧口袋（前片）

2）制作后中拉链

将拉链从裙片反面与熨烫过的缝份正面相对，普通拉链固定缉缝0.5cm，隐形拉链单脚0.1cm缉缝，拉链尾部直角缉缝，如图7-10所示。

3）制作侧口袋（后片）

把袋垫布的面料袋口拷边，1cm固定缉缝在后片侧缝线口袋位，如图7-11所示。

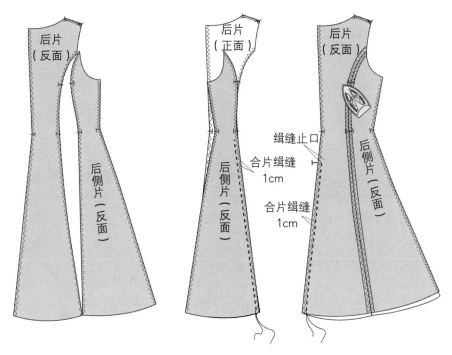

后片
（反面）

后片
（正面）

后片
（反面）

后侧片（反面）

后侧片（反面）

后侧片（反面）

缉缝止口

合片缉缝
1cm

合片缉缝
1cm

图7-9　连衣裙后片制作

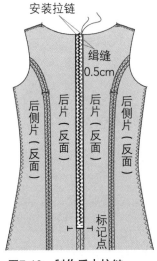

安装拉链

缉缝
0.5cm

后侧片（反面）

后片（反面）

后片（反面）

后侧片（反面）

标记点

图7-10　制作后中拉链

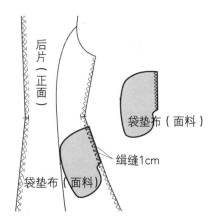

后片（正面）

袋垫布（面料）

缉缝1cm

袋垫布（面料）

图7-11　制作侧口袋（后片）

（4）做领

1）制作领页

这款领型为平摊在肩部的扁领，如同第6章娃娃衫的领型，不同之处在于其领页因后中拉链分为左右两页。先缝合第1个领页，将领片正面相对，缉缝1cm，然后修掉多余的缝份，反过来正面烫平，如图7-12所示。同样方法制作第2个领页。

2）绱领子

将领里的正面与衣片的正面相对，领口下线与衣片领口线对齐，然后固定领口斜丝布条缉缝，缝份1cm，如图7-13所示；然后将斜丝布条的缝份折扣，固定斜丝布条，完成领子，如图7-14所示。

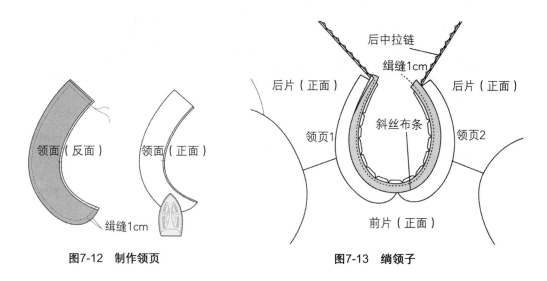

图7-12　制作领页　　　　　图7-13　绱领子

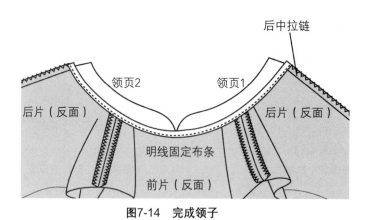

图7-14　完成领子

（5）做袖

1）做袖衩

这款连衣裙的袖衩与基础女衬衫袖衩相似，按标记剪开袖衩，将袖衩条一边向反面扣烫0.6cm，袖衩条未扣的一边正面与袖片衩口部位反面对齐缉缝，缝份0.6cm，开衩转弯处缝份相应减少；将袖衩翻到正面，在袖子正面将扣光缝份的袖衩条一边盖过第一道缝线，缉明线0.1cm，最后反面小三角封袖衩，可参考女衬衫袖衩的制作，如图7-15所示。

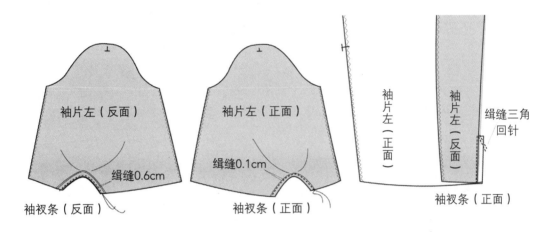

图7-15 袖衩的制作

2）合肩线

肩线前后对齐，从反面缉缝1cm，劈开熨烫平整，如图7-16所示。

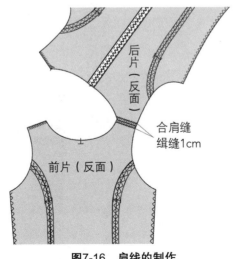

图7-16 肩线的制作

3）合袖笼

这款服装袖笼弧线与裙片袖笼弧线都没有拷边，参考基础男衬衫的制作方法，先将裙片和袖片袖笼标记点定位、前后片定位，如图7-17所示。1cm缉缝裙片袖笼和袖片袖笼，袖片袖笼的弧长要吃在裙片袖笼中，缝合完成后再合片拷边，如图7-18所示。

4）合口袋、合侧缝和袖片

把口袋垫布的面料、里料正面对齐，从侧缝处1cm合片，完成后合片拷边，如图7-19所示。

袖片正面相对，对准标记点，将拷过边的袖片、前后裙片正面对齐，袖笼线与侧缝线十字对齐缉缝，缝份1cm，分缝烫平，如图7-20所示。

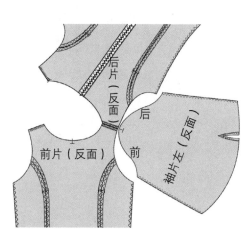

图7-17　袖笼、前后片定位

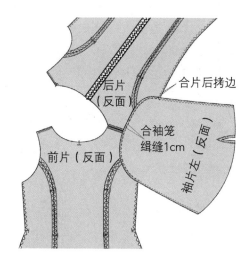

图7-18　袖笼的制作

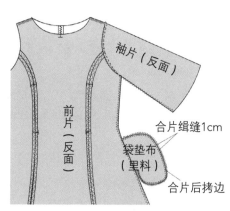

图7-19　制作侧口袋

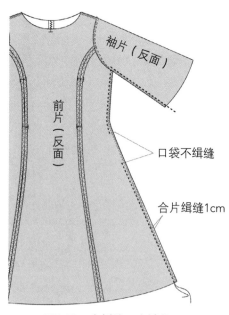

图7-20　合侧缝、合袖片

5）做袖克夫

① 这款连衣裙的袖克夫制作类似于基础女衬衫的工艺，首先将粘衬的袖克夫面向反面扣烫，将袖克夫两端沿净样线缝合，再翻出正面，使得袖克夫里的下口缝份里比面多0.2cm，烫实、压平，如图7-21所示。

② 将袖片下口抽褶后袖口长度与袖克夫长度一致，然后将抽褶袖下口塞进袖克夫，从袖克夫正面缉缝0.1cm袖口线固定，正面缉缝0.1cm明线，袖头锁眼钉纽，如图7-22所示。

注意：大片袖衩向里翻折。

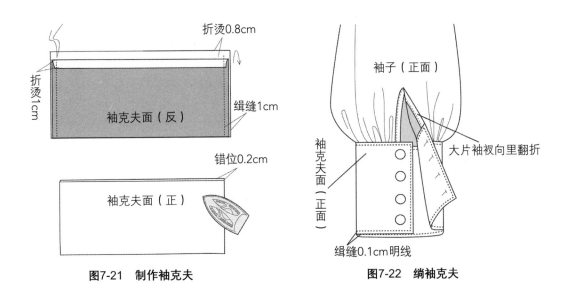

图7-21　制作袖克夫　　　　　　　图7-22　绱袖克夫

（6）缉缝底边

检查调整底摆弧线，熨烫固定的底摆卷边，卷边缉缝明线3cm，如图7-23所示。

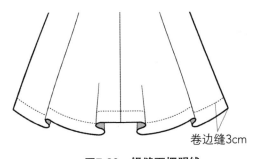

图7-23　缉缝下摆明线

（7）整烫完成

如图7-24所示。

图7-24　整烫完成

① 清剪线头，清洗污渍。

② 躲开扣眼与纽扣，整烫公主线、袖笼等部位。

③ 烫衣袖、袖头，将细褶放均匀，再烫袖底缝。

④ 烫领子，先烫领里，再烫领面，然后将衣领翻折，烫成圆弧形。

⑤ 烫左右侧缝线和后衣片。

⑥ 放平衣身，烫平前片左右衣片。

7.2　长款上衣款式图例及工艺分析

7.2.1 ➤ 长款上衣的分类

　　顾名思义，长款上衣是相对于普通上衣而言的，是常用服装大类之一。长款上衣的衣身长度可以遮挡人体的腿部，上身效果瘦身修长，是多数女性喜爱的款式，以夏季连衣裙、春秋季风衣、冬季大衣等居多。长款上衣一般由领、袖、加长的衣身和其他部件等构成，主要由领、袖、衣身造型变化形成不同款式，如图7-25所示。

　　（1）按功能分

　　长款上衣从功能上可分为外套式长款上衣和内搭式长款上衣两大类。外套式长款上衣一般穿在外面，以秋冬防风保暖外套的作用出现，常见的有大衣、风衣、长款衬衫以及夏季的连衣裙等。内搭式长款上衣一般指穿在外套里面的服装，如长款连衣裙、长款毛衫、长款线衣等。

图7-25　各种造型的长款上衣

（2）按造型分

长款上衣按造型分，和其他服类一样，也主要有H型、X型、O型、V型或A型等多种造型。

· H型类似于长方形或箱形，强调肩部、腰部、下摆宽窄基本一致，肩、腰、臀差距较小。H型长款上衣具有修长、简约、宽松、舒适的特点。

· X型长款上衣的造型特点是肩部高耸，腰部收紧，臀部呈自然形，下摆宽大。X型连衣裙、大衣充分勾勒出了女性线条，充分塑造出女性柔美、性感的特点。

· O型长款上衣肩部、腰部没有明显的棱角，特别是腰部线条松弛不收腰，外形类似于圆形或椭圆形。O型服装以休闲、舒适为主要特点。

· V型长款上衣造型挺括、有强壮的阳刚之气，肩部夸张、挺直，衣摆收紧。

· A型长款上衣肩部合体，腰部收紧或者提高腰位，同时衣摆部分尽量放量，形成上小下大的A型轮廓造型。

（3）按细节分

长款上衣也由领、袖、衣身、袋四部分构成，只是衣长部分会长于普通上衣，一般都遮盖到腿部。如：根据领子造型可分为开放式领型上衣和关闭式领型上衣；根据袖子长度可分长袖、短袖、中长袖；根据袖子造型可分泡泡袖、平袖、灯笼袖、大小袖、有折裥的袖子；根据袖子的结构可分为一片袖、两片袖、插肩袖、上肩袖等；根据下摆可分为宽松量较大的和有卡克摆的上衣，同时还可分为开衩和不开衩、平下摆与圆下摆的上衣；根据夹里可分为单层上衣、加里夹层上衣、半衬上衣、棉衣、羽绒服等。

7.2.2 ➢ 款式图例与工艺分析

7.2.2.1 接腰式连衣裙

（1）款式介绍

如图7-26所示的这款接腰式连衣裙呈X形，是一种肩部合体，胸腰部合体，裙摆较宽松呈自然波浪褶，腰部断开，上衣拼接、前短后长的波浪裙。连衣上身加里料，下身加半裙里料。其外形大方，从肩到衣摆的线条流畅、廓形简洁。

此款接腰式连衣裙有圆形领口领、无袖、无口袋；前片左右各一腋下胸省和胸下腰省；后片左右片经向拼接，各一腰省，后中拉链领口固定，上下衣片腰间纬向拼接，裙摆A型宽松。

图7-26　接腰式连衣裙前、后款式

（2）裁片分析

① 面料：前衣片上下2片，后衣片上下、左右共4片，如图7-27所示。

② 里料：前衣片上下2片，后衣片上下、左右共4片，如图7-28所示。

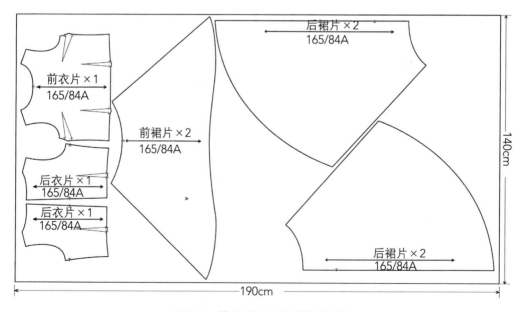

图7-27　接腰式连衣裙面料排料图

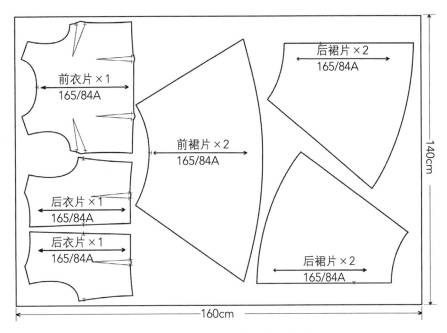

图7-28 接腰式连衣裙里料排料图

（3）工艺要点

这款接腰式连衣裙的工艺流程与连腰式连衣裙的工艺流程相比并不相同。其主要工艺细节：面料与里料分别制作，面料腰间拼接荷叶形波浪裙，里料接里料裙，后中装拉链。

（4）工艺流程

接腰式连衣裙面料的工艺流程可以参照图7-29所示内容。

接腰式连衣裙里料的制作方法与面料工艺流程的前4步相同，面料、里料制作后领口和袖笼处缝合完成即可。

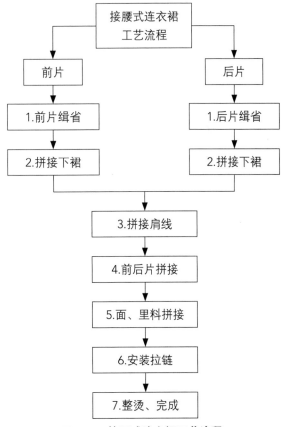

图7-29 接腰式连衣裙工艺流程

① 首先制作面料部分，前片缉腰省和胸省，和普通缉省的工艺方法相同，如图7-30所示，然后前衣片和前裙片缉缝1cm，如图7-31所示，合片完成拷边。

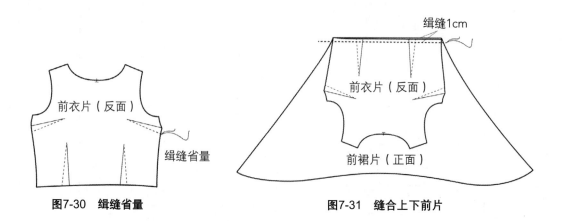

图7-30　缉缝省量

图7-31　缝合上下前片

② 接腰式连衣裙后片与前片的制作相似，先缉腰省和胸省，然后缉缝1cm上下片，如图7-32所示，合片完成拷边。

③ 前后片分别制作完成后，缝合前后衣片肩缝1cm，缝合侧缝1cm，完成后合片拷边，如图7-33所示。

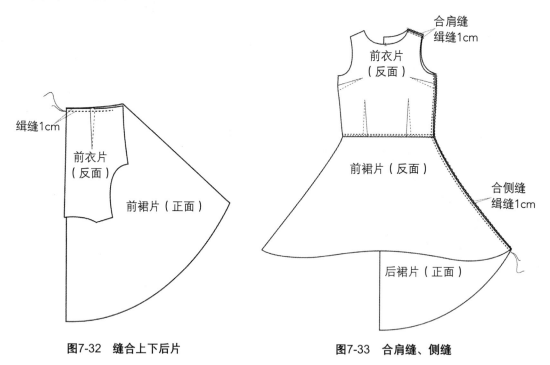

图7-32　缝合上下后片

图7-33　合肩缝、侧缝

④ 里料部分的制作方法与面料部分相同，面料、里料都制作完成后，将面料、里料领口正面相对1cm缉缝，缉缝后领口处打剪口，如图7-34所示，然后翻到正面熨烫平整。

⑤ 由于领口处已合片，前后袖笼要分别制作。将面料、里料的袖笼正面相对，先从前片反面1cm缉缝前袖笼，袖笼处打剪口，如图7-35所示，然后再从后片反面1cm缉缝后袖笼，缉缝后袖笼处打剪口，然后翻到正面熨烫平整。

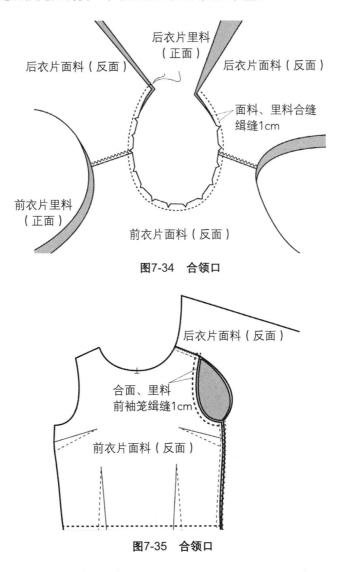

图7-34　合领口

图7-35　合领口

⑥ 装拉链，先把拉链与后中正面相对缝合，安装完成缉缝面料后中臀围线以下部分，面料后中熨烫平整；再从反面将里料和拉链边沿固定缝合，缉缝里料后中臀围线以下部分，里料后中熨烫平整，如图7-36所示。

⑦ 缉缝接腰式连衣裙面料和里料下摆，卷边缉缝1cm，最后修剪线头，整烫，完成，如图7-37所示。

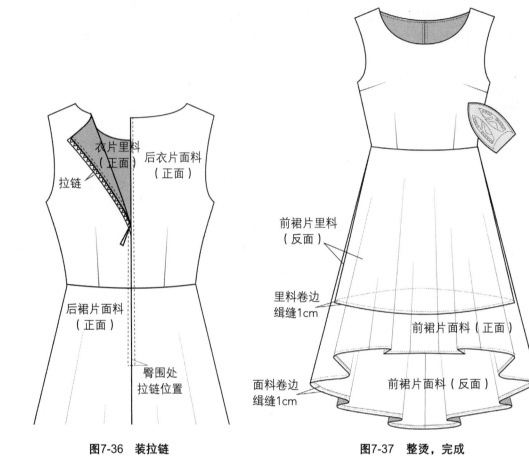

图7-36　装拉链

图7-37　整烫，完成

7.2.2.2 衬衫式风衣

（1）款式介绍

如图7-38所示衬衫式风衣造型为H型，肩部、腰部、衣摆都较宽松，上下领式衬衫领，装袖克夫的袖子，造型类似于男款基础衬衫。其外形简洁大方，从肩到衣摆的线条流畅、造型美观，是春夏季外套必备。

此款衬衫式风衣前后无省，肩部拼接过肩，后片中间有活裥，绱衬衫领，一片袖，装袖克夫袖口，左胸贴口袋，衣摆前段后长两侧开衩。

（2）裁片分析

图7-38　衬衫式风衣前、后款式

前衣片左右各1片，后衣片1片，过肩里、面共2片；上领里、上领面各1片，下领底里、下领底面各1片；袖左右各1片，袖克夫左右各2片；贴口袋1片，口袋盖2片，如图7-39所示。

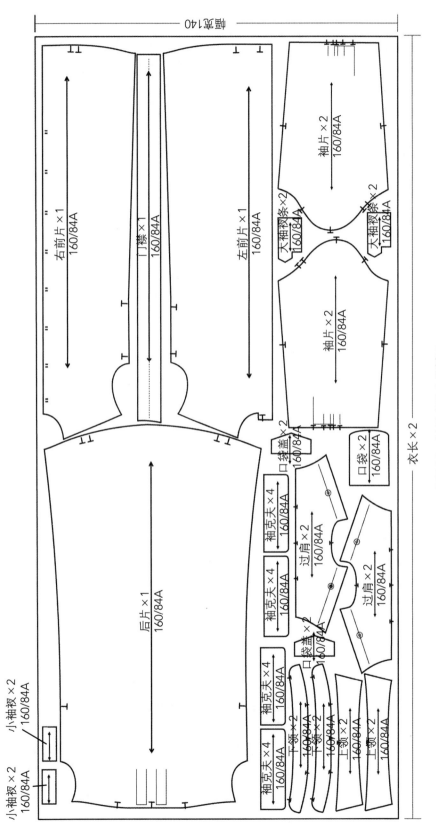

图7-39 衬衫式风衣排料图

（3）工艺要点

这款衬衫式风衣的工艺流程与基础男衬衫的工艺流程比较相似，之前的男衬衫合片拷边，是因为侧缝开衩。这件衬衫式风衣可以尝试不同的制作方法，先局部拷边，袖笼合片后再拷边。主要细节：左右门襟不同，后中活裥，左胸贴口袋制作口袋盖，两侧开衩等。

（4）工艺流程

衬衫式风衣的工艺流程可以参照图7-40所示内容。

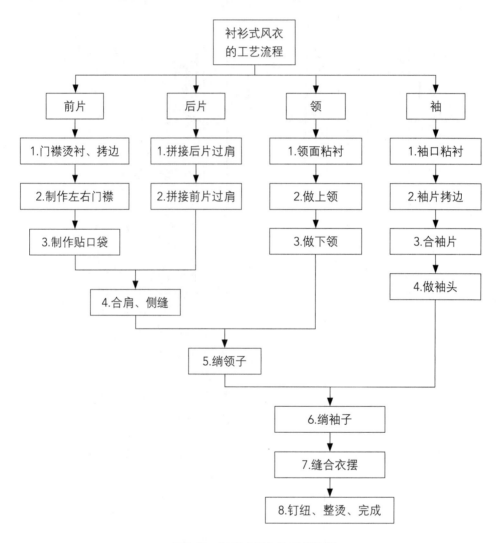

图7-40 衬衫式风衣的工艺流程

① 缝片裁配。领片、门襟、袖克夫、口袋盖粘衬，如图7-41所示，仅有衣片两侧缝合袖片两侧缝拷边，如图7-42所示。

② 前片制作门襟。这款衬衫式风衣的左右门襟不相同，左门襟制作工艺类似于基础女衬衫，右门襟制作工艺如同基础男衬衫，如图7-43所示。

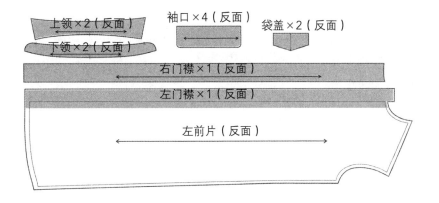

图7-41 衬衫式风衣局部粘衬

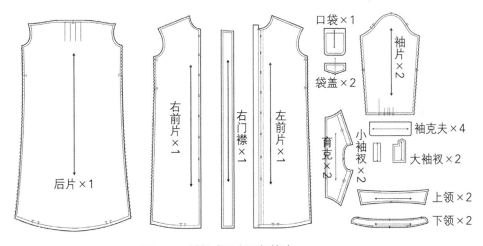

图7-42 衬衫式风衣局部拷边

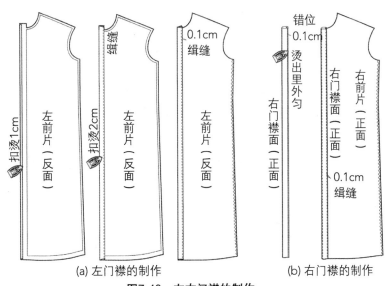

(a) 左门襟的制作　　　　(b) 右门襟的制作

图7-43 左右门襟的制作

③ 制作贴口袋。这款贴口袋比基础男衬衫贴口袋多一个口袋盖。先并制作好口袋盖，扣烫贴口袋，然后从正面明线固定贴口袋和口袋盖，缉缝线为双明线，如图7-44~图7-46所示。

图7-44　口袋盖的制作

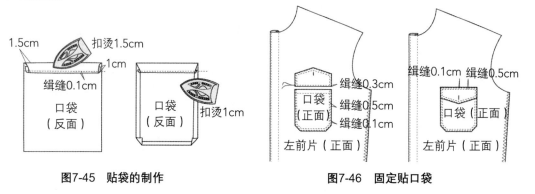

图7-45　贴袋的制作

图7-46　固定贴口袋

④ 拼接过肩。先固定好后片活裥，之后的制作过程和基础男衬衫相同。过肩有两层，正面相对，把后衣片夹在两过肩中间，三层一起缉缝1cm，翻折后正、反面都烫平，即完成后片；前衣片反面和过肩里反面相对1cm缉缝，将缝份向后片压倒熨烫，过肩正面缉缝明线，如图7-47所示。

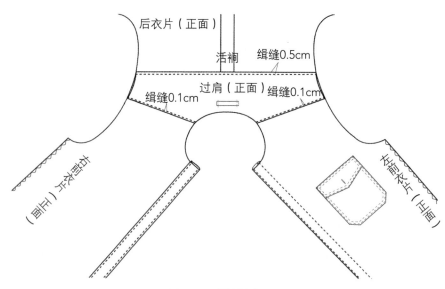

图7-47　拼接过肩

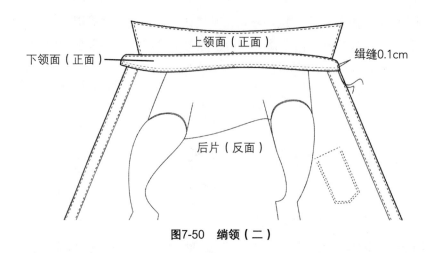

⑤ 做领。衬衫式风衣的领子是衬衫领，其工艺制作方法与基础男衬衫领子相同。先将粘衬的上领面、上领里制作完整，再把上领与下领缝合，根据款式设计，领子下领的右边比左边长1cm，如图7-48所示。

图7-48 领子的制作

⑥ 绱领。衬衫式风衣领子的制作工艺和基础男衬衫领子的制作工艺相同，唯一不同之处在于下领领底右边长出门襟1cm，如图7-49和图7-50所示。

图7-49 绱领（一）

图7-50　绱领（二）

⑦ 做袖开衩。先把袖开衩的小袖衩和大袖衩分别烫好，然后缝合在袖片上，方法与基础男衬衫相同，如图7-51和图7-52所示。

⑧ 合袖笼。这款服装袖笼弧线与衣片袖笼弧线都没有拷边，参考基础男衬衫的制作方法，先缝合衣片袖笼和袖片袖笼，袖片袖笼的弧长要吃在衣片袖笼中，缝合完成后再合片拷边，如图7-53所示。

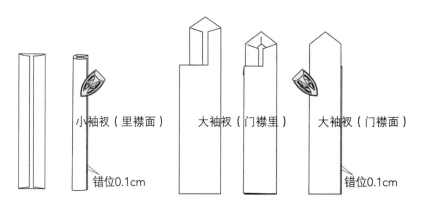

图7-51　熨烫大小袖衩

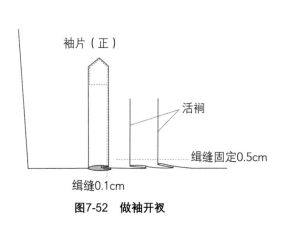

图7-52　做袖开衩

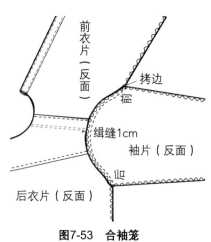

图7-53　合袖笼

⑨ 合侧缝。对准标记点，将拷过边的袖片、前后衣片正面对齐，袖笼线与侧缝线十字对齐，1cm缉缝，前后片衣摆向上45cm作为侧缝开衩；找到纽扣的位置，如图7-54所示；拷边的侧缝和开衩处都要分开熨烫，把开衩部分0.5cm直角缉缝，如图7-55所示。

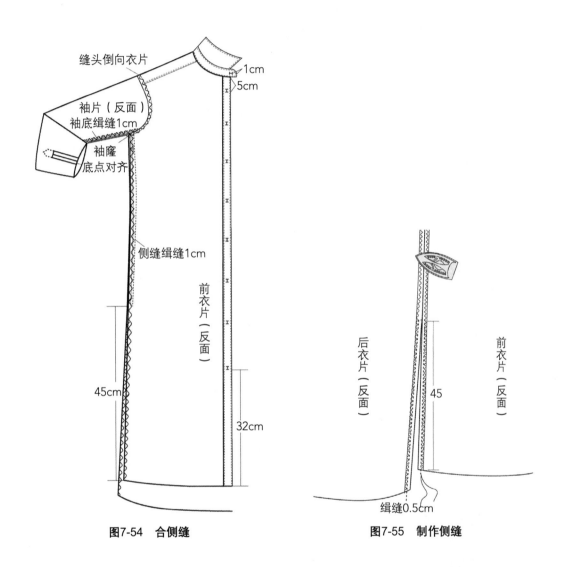

缝头倒向衣片
1cm
5cm
袖片（反面）
袖底缉缝1cm
袖隆底点对齐
侧缝缉缝1cm
前衣片（反面）
45cm
32cm

图7-54 合侧缝

后衣片（反面）
前衣片（反面）
45
缉缝0.5cm

图7-55 制作侧缝

⑩ 做袖克夫。参照基础男衬衫的制作方法，先制作完成袖克夫，把缉缝完成的袖克夫翻到正面熨烫平整，再把袖克夫缝合在袖片，定好袖口纽扣位置，如图7-56所示。

⑪ 缉缝下摆。把衣摆翻折到衣片反面，卷边缉缝1cm，如图7-57所示。

⑫ 修剪线头，整烫，完成，如图7-58所示。

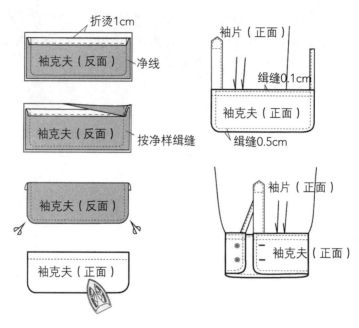

图7-56　制作袖克夫

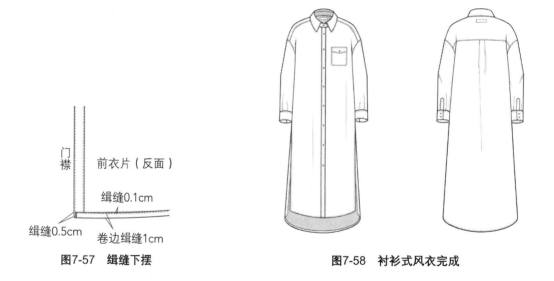

图7-57　缉缝下摆

图7-58　衬衫式风衣完成

7.2.2.3 单层风衣

（1）款式介绍

如图7-59所示这款单层风衣是春秋款风衣的经典款式，造型简洁、线型流畅，是一种肩、腰、臀部合体的中长款双排扣大衣。衣身前后胸附覆肩，翻驳领，装腰带，袖口装袖袢。

这款上衣前片左右各1片无省，后片左右各1片中缝拼接，无省；插肩袖左右各2片，双排扣翻驳领，斜插袋，钉4粒双排扣；配件有腰带、袖袢。

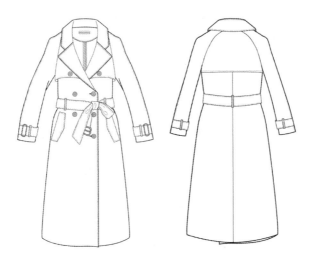

图7-59 单层风衣的前、后款式

（2）裁片分析

① 面料。前衣片左右各1片，后衣片左右各1片，袖片左右各2片，前片覆肩左右各1片，后片覆肩1片，领底、领面各1片，挂面左右各1片，后领贴1片；口袋盖左右各2片，口袋垫布左右各1片，腰带1片，袖口袢左右各2片，袖袢带左右各3个，如图7-60所示。

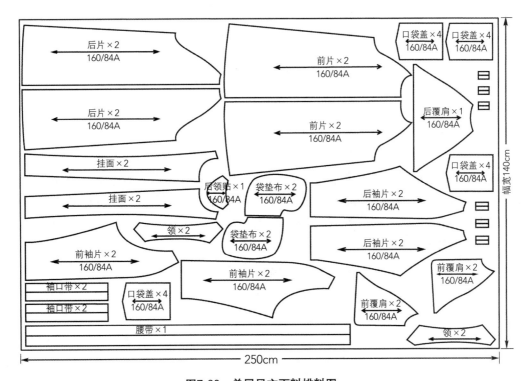

图7-60 单层风衣面料排料图

② 里料。口袋垫布左右各1片；45°斜裁包边条宽2.5cm若干，如图7-61所示。

③ 衣片毛边包边，侧缝、袖笼等合片再包边。挂面、领面裁片、口袋盖、后领贴裁片粘衬，如图7-62所示。

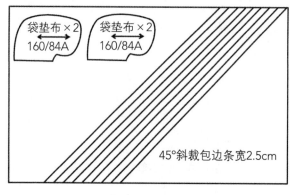

图7-61　单层风衣里料排料图

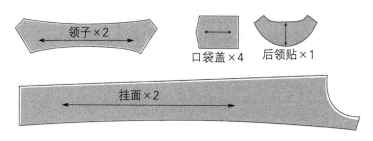

图7-62　单层风衣的粘衬图

（3）工艺要点

这款单层风衣的工艺流程与上衣类服装的工艺流程基本相似，裁片拷边时采用包边条包边的制作方法，包好毛边再合片，然后劈开熨烫，或者先合片再将合片一起包边。主要工艺细节：后片左右拼接，前片双排扣做挂面，前后片都装有覆肩，翻驳领，装腰带和袖口袖祥，前侧制作有袋盖的斜插袋。

（4）工艺流程

单层风衣的工艺流程可以参照图7-63所示的内容。

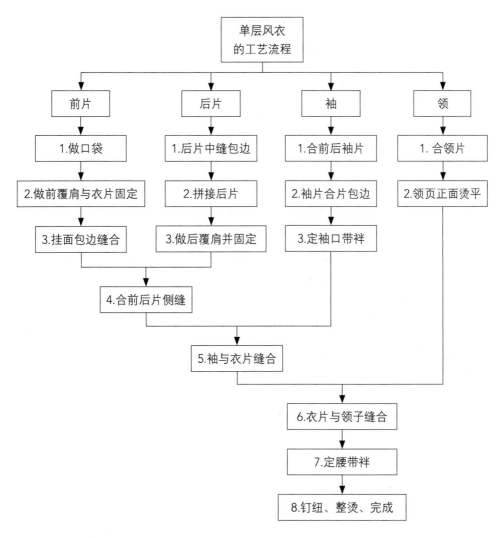

图7-63 单层风衣的工艺流程

① 前片：制作斜插袋。这款风衣的斜插口袋由带盖、口袋垫布组成，其制作方法和裤子的嵌线口袋类似，可参考第5章。风衣袋盖式斜插袋首先做口袋盖，带盖裁片从反面缉缝1cm，翻到正面熨烫平整，缉缝0.5cm明线，如图7-64所示。

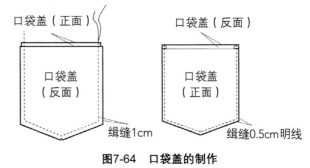

图7-64 口袋盖的制作

然后将口袋盖和口袋垫布里料、口袋垫布面料依次摆放在衣片口袋位置，间距1cm按照口袋的长度缉缝，如图7-65所示。

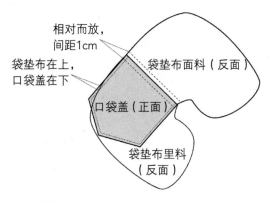

图7-65　口袋裁片的位置

口袋裁片摆放在前衣片口袋位置，口袋位置在前衣片反面粘衬，缝合间距1cm口袋线，两端回针固定。完成后把衣片层从1cm缉缝的中间剪开，两端开0.5cm三角口，把口袋垫布翻到衣片反面，包边条包边一周，小三角也翻到衣片反面与口袋垫布固定，口袋盖留在衣片正面，如图7-66和图7-67所示。

最后，将口袋盖在衣片的正面向上扣折3cm，两端缉缝0.5cm明线固定口袋盖，如图7-68所示。

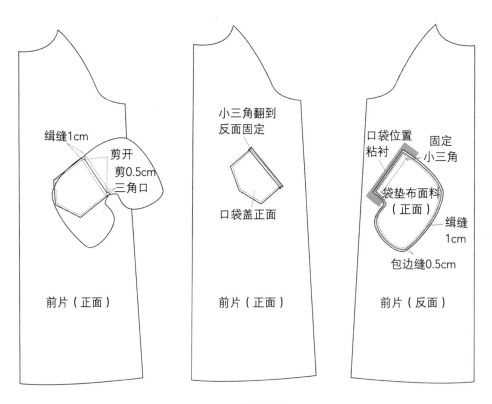

图7-66　口袋的制作

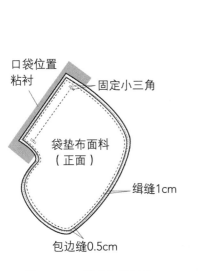

口袋位置
粘衬

固定小三角

袋垫布面料
（正面）

绲缝1cm

包边缝0.5cm

图7-67 口袋的制作细节

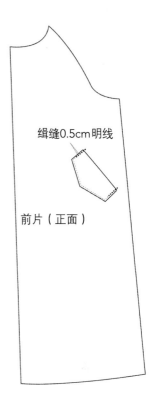

扣折3cm

前片（正面）

绲缝0.5cm明线

前片（正面）

图7-68 固定口袋盖

②后片：包边拼接。后片分为左右两片，这件风衣运用包边条包边的工艺，所以后中先用0.5cm包边条包边，如图7-69所示，然后后中线从反面合片绲缝1cm，再劈开熨烫平整，如图7-70所示。

③制作前后片覆肩。找出前后覆肩衣片的边沿线，把边沿线向衣片的反面卷边缝0.5cm，如图7-71所示，然后把覆肩按照原位从领口、袖笼等处固定，如图7-72所示。

后片（反面）

包边缝0.5cm

图7-69 后中包边

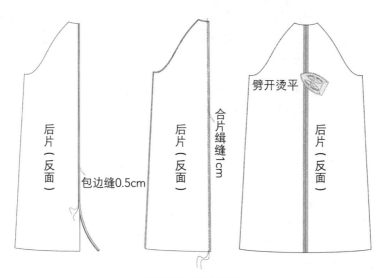

后片（反面）　包边缝0.5cm

后片（反面）　合片缉缝1cm

劈开烫平　后片（反面）

图7-70　缝合后片

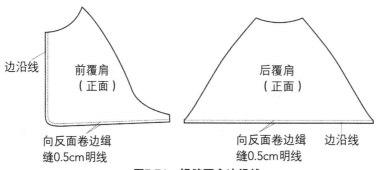

边沿线　前覆肩（正面）

后覆肩（正面）

向反面卷边缉缝0.5cm明线

向反面卷边缉缝0.5cm明线　边沿线

图7-71　缉缝覆肩边沿线

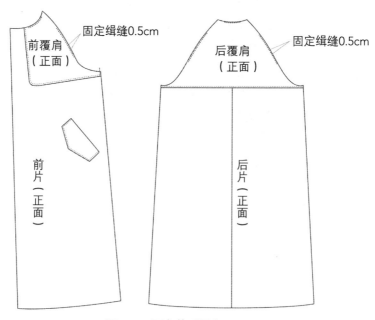

固定缉缝0.5cm　前覆肩（正面）

后覆肩（正面）　固定缉缝0.5cm

前片（正面）

后片（正面）

图7-72　固定前后覆肩

④ 拼接挂面与后领贴，缝合挂面与前衣片。首先把挂面与后领贴正面相对，从反面缝合挂面与后领贴，然后将挂面的刀线用包边条经过后领贴包边一周，再将挂面与前衣片正面相对，原位对齐，从翻驳领止口处缝合到衣摆净样线，如图7-73所示。

⑤ 制作插肩袖。先把插肩袖的前片和后片两两对齐缝合，缝合完成后用包边条分别合片包边，熨烫包边条倒向后片，缉缝0.5cm的明线固定，如图7-74所示。

⑥ 绱袖。绱袖前先分清袖子的左右，然后把袖子和衣片正面相对，袖前片对齐衣片前片，袖后片对齐衣片后片，腋下线十字对齐，插肩袖笼1cm缉缝一周，缉缝完成后把袖笼用包边条0.5cm包边，如图7-75所示。

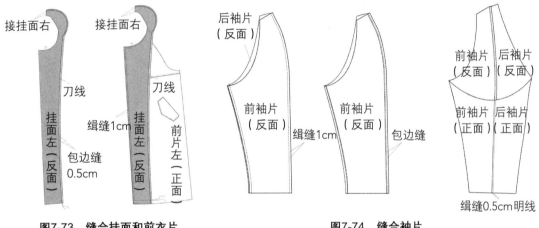

图7-73 缝合挂面和前衣片　　　　　　　　图7-74 缝合袖片

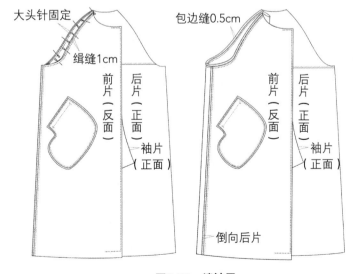

图7-75 绱袖子

197

⑦ 做领子。将粘好衬的领片正面相对，沿领线缉缝1cm，缉缝完成后修剪掉余量，然后把领子翻到正面熨烫平整，围绕领线缉缝0.5cm明线，如图7-76所示。

⑧ 绱领子。将领子夹在挂面和衣片的中间，从左片止口标记处开始，到右片止口标记处，将挂面层、领子、衣片层三层一起缉缝1cm，后领中点与领子中点对齐，如图7-77所示。缉缝完成后，把门襟、领子都翻到正面烫平，如图7-78所示。

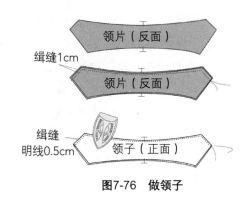

图7-76　做领子

⑨ 做衣摆和袖口。把衣摆用包边条包边后，按照挂面缉缝的净样线向衣片反面折烫平整，从挂面处开始用手针三角针缉缝固定，如图7-79所示。袖口的制作方法一样，先把袖口用包边条包边，然后按净样线向袖子反面折烫平整，用手缝三角针固定一周，如图7-80所示。

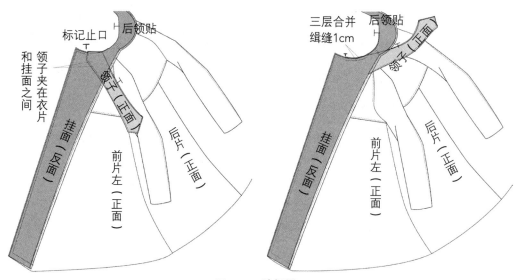

图7-77　绱领子

图7-78　熨烫平整

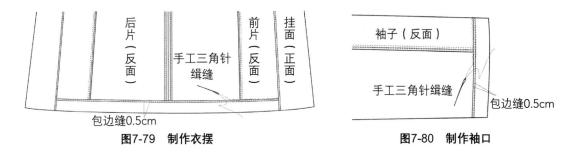

后片（反面）　手工三角针缉缝　前片（反面）　挂面（正面）

包边缝0.5cm

图7-79　制作衣摆

袖子（反面）

手工三角针缉缝

包边缝0.5cm

图7-80　制作袖口

⑩ 制作小配件。制作腰带、袖口带和带袢，如图7-81所示，然后把腰带袢和袖口带袢装在标记位置，驳头和门襟缉缝0.5cm明线，钉纽扣和确定纽洞的位置，最后修剪线头，整烫，完成，如图7-82所示。

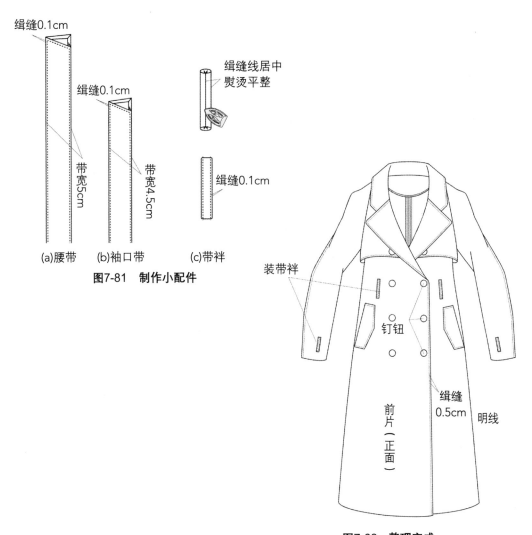

缉缝0.1cm

缉缝0.1cm

带宽5cm

缉缝线居中熨烫平整

缉缝0.1cm

带宽4.5cm

(a)腰带　(b)袖口带　(c)带袢

图7-81　制作小配件

装带袢

钉钮

缉缝0.5cm

前片（正面）

明线

图7-82　整理完成

199

参考文献

[1] 童敏. 服装工艺——缝制入门与制作实例[M]. 北京：中国纺织出版社，2015.

[2] 张明德. 服装缝作工艺[M]. 第4版. 北京：高等教育出版社，2019.

[3] 安晓东. 服装设计裁剪与缝制一本通[M]. 北京：化学工业出版社，2018.

[4] 朱秀丽，鲍卫君. 服装现代制作工艺[M]. 杭州：浙江大学出版社，2005.

[5] 许涛. 服装制作工艺——实训手册[M]. 北京：中国纺织出版社，2013.

[6] 徐静. 服装缝作工艺[M]. 上海：东华大学出版社，2010.

[7] 刘峰. 图解服装裁剪与缝纫工艺：成衣篇[M]. 北京：化学工业出版社，2020.

[8] 姚再生. 服装立体构成与缝制组合[M]. 北京：中国纺织大学出版社，2008.

[9] 吕学海，杜莹. 简明成衣制作实务[M]. 北京：清华大学出版社，2013.

[10] 孙兆全. 成衣纸样与服装缝制工艺[M]. 北京：中国纺织出版社，2008.

[11] 日本文化学院编. 文化服饰大全服饰造型讲座——女衬衫·连衣裙. 张祖芳，等译. 上海：东华大学出版社，2006.

[12] 日本文化学院编. 文化服饰大全服饰造型讲座——大衣·披风. 张祖芳，等译. 上海：东华大学出版社，2006.

[13] 孙熊. 服装裁剪与缝纫[M]. 上海：上海科学技术出版社，2006.

[14] 管晞春，吴经熊. 时装缝制工艺[M]. 上海：上海文化出版社，2003.

[15] 陈东生，甘应进等. 新编服装生产工艺学[M]. 北京：中国轻工业出版社，2005.

[16] 万志琴，等. 服装品质管理[M]. 北京：中国纺织出版社，2009.